Berichte zu Pflanzenschutzmitteln 2009

Pflanzenschutz-Kontrollprogramm

Bund-Länder-Programm zur Überwachung des Inverkehrbringens und der Anwendung von Pflanzenschutzmitteln nach dem Pflanzenschutzgesetz

Jahresbericht 2009

Inhaltsverzeichnis

1	Zusammenfassung	5
2	Einführung	6
3	Organisation der Verkehrs- und Anwendungskontrolle	7
4	Art und Umfang der Kontrollen	8
	4.1 Planung der Kontrollen	8
	4.2 Art der Kontrollen	9
	4.3 Umfang der Kontrollen	9
5	Maßnahmen bei Beanstandungen	10
	5.1 Maßnahmen, die bei Beanstandungen getroffen werden können	10
	5.2 Weitere mögliche Konsequenzen für beanstandete Betriebe	10
6	Ergebnisse	12
	6.1 Verkehrskontrollen	12
	6.1.1 Überwachung der Zusammensetzung und der physikalischen, chemischen und technischen Eigenschaften von Pflanzenschutzmitteln	12
	6.1.1.1 Pflanzenschutzmittel, die bestimmte Wirkstoffe enthalten (Planproben)	12
	6.1.1.2 Verdachtsproben	13
	6.1.1.3 Übersicht der Analysen und Ergebnisse	14
	6.1.2 Bundesweiter Kontrollschwerpunkt: Inverkehrbringen von Pflanzenschutzmitteln zur Anwendung auf Freilandflächen, die nicht landwirtschaftlich, forstwirtschaftlich oder gärtnerisch genutzt werden	14
	6.1.3 Kontrollen im Handel	16
	6.1.3.1 Zulassung von Pflanzenschutzmitteln	16
	6.1.3.2 Kennzeichnung von Pflanzenschutzmitteln	18
	6.1.3.3 Selbstbedienungsverbot	18
	6.1.3.4 Anzeigepflicht von Handelsbetrieben	18
	6.1.3.5 Sachkunde und Unterrichtungspflicht	18
	6.2 Anwendungskontrollen	19
	6.2.1 Bundesweiter Kontrollschwerpunkt: Anwendung von Insektiziden in Gemüse	19
	6.2.2 Anwendungskontrollen in landwirtschaftlichen, gärtnerischen und forstwirtschaftlichen Betrieben	21
	6.2.2.1 Pflanzenschutzgeräte im Gebrauch	22
	6.2.2.2 Sachkunde der Anwender	22
	6.2.2.3 Einhaltung der Anwendungsgebiete	23
	6.2.2.4 Einhaltung der Anwendungsbestimmungen und Bienenschutzbestimmungen	23
	6.2.2.5 Einhaltung der Anwendungsverbote und -beschränkungen	23
	6.2.2.6 Anzeigepflicht von gewerblichen Pflanzenschutzmittelanwendern und -beratern	24
	6.2.3 Anwendungskontrollen auf sonstigen Freilandflächen, die nicht landwirtschaftlich, forstwirtschaftlich oder gärtnerisch genutzt werden	24
	6.2.3.1 Bundesweiter Kontrollschwerpunkt: Anwendung von Pflanzenschutzmitteln auf nicht landwirtschaftlich, forstwirtschaftlich oder gärtnerisch genutzten Freilandflächen	24
	6.2.3.2 Pflanzenschutzgeräte im Gebrauch	26
	6.2.3.3 Sachkunde des Anwenders	26
	6.2.3.4 Anzeigepflicht von gewerblichen Pflanzenschutzmittelanwendern und -beratern	27
	6.3 Einhaltung der Vorschriften der Verordnung über das Inverkehrbringen und die Aussaat von mit bestimmten Pflanzenschutzmitteln behandeltem Maissaatgut (MaisPflSchMV)	27
	6.4 Kontrolle von Pflanzenschutzgeräten	29
	6.4.1 Inverkehrbringen von Pflanzenschutzgeräten	29
	6.4.2 Überprüfung von im Gebrauch befindlicher Pflanzenschutzgeräte	29
	6.4.3 Überprüfung der Kontrollstellen	29
7	Erläuterungen zu den Fachbegriffen	30
8	Adressen der zuständigen Behörden für die Verkehrs- und Anwendungskontrollen	32

1 Zusammenfassung

In der Bundesrepublik Deutschland überwachen die Behörden der Länder die Einhaltung der Vorschriften, die für das Inverkehrbringen und die Anwendung von Pflanzenschutzmitteln gelten.

Das **Pflanzenschutz-Kontrollprogramm** ist ein bundesweit harmonisiertes Programm zur Überwachung pflanzenschutzrechtlicher Vorschriften. Die Durchführung und Berichterstattung der Kontrollen erfolgten nach gemeinsamen Standards der Länder auf Grundlage eines abgestimmten Handbuches. Die Festlegung von Kontrolltatbeständen und die Betriebsauswahl erfolgt durch die Länder; zusätzlich werden bundesweite Kontrollschwerpunkte festgelegt. Der vorliegende Bericht fasst die Ergebnisse des Jahres 2009 zusammen.

Bundesweit wurden in 2.727 Handelsbetrieben Verkehrskontrollen durchgeführt und in 5.045 Betrieben der Landwirtschaft, des Gartenbaus und der Forstwirtschaft Betriebs- oder Anwendungskontrollen vorgenommen. Im Rahmen der Überwachung der Verordnung über Pflanzenschutzmittel und Pflanzenschutzgeräte (Pflanzenschutzmittelverordnung) wurden des Weiteren 72.161 Pflanzenschutzgeräte von amtlichen bzw. amtlich anerkannten Kontrollstellen überprüft. Die Zusammensetzung und physikalische, chemische und technische Eigenschaften von 163 Pflanzenschutzmitteln wurden untersucht.

Das Anbieten von Pflanzenschutzmitteln, deren Zulassung abgelaufen ist, war wie in den vergangenen Jahren ein häufiger Grund für Beanstandungen in Handelsbetrieben (in 20 % der kontrollierten Betriebe). Die Beanstandungsquote aufgrund einer Nichtbeachtung der Anzeigepflicht des Verkaufs von Pflanzenschutzmitteln von 13,9 % lag über dem Niveau des Vorjahres (11,9 %). Bezüglich der Sachkunde und der Unterrichtungspflicht des Verkaufspersonals traten in 4,4 % bzw. 7,7 % der kontrollierten Betriebe Beanstandungen auf (2008: 6 % bzw. 8,2 %). Die Nichteinhaltung des Selbstbedienungsverbots musste in 7,7 % der kontrollierten Betriebe bemängelt werden (2008: 8,4 %). 20,5 % der zufällig ausgewählten und untersuchten Pflanzenschutzmittelgebinde von in Deutschland zugelassenen Pflanzenschutzmitteln mit den Wirkstoffen Captan, Terbuthylazin oder Dimethoat wiesen Mängel auf. Bei den Proben, die aufgrund eines Verdachts untersucht wurden, lag die Beanstandungsquote mit 60 % weit höher. Diese Ergebnisse können nur einen Trend wiedergeben, da sie aufgrund der Probenzahlen nur eine geringe statistische Aussagekraft haben.

Bei Anwendungs- und Betriebskontrollen in landwirtschaftlichen, forstwirtschaftlichen und gärtnerischen Betrieben ergaben sich in einigen Kontrollbereichen teilweise höhere Beanstandungsquoten als im Vorjahr. Hieraus kann jedoch kein allgemeiner Trend abgeleitet werden, da die Kontrollplanung im Allgemeinen risikoorientiert erfolgt. Bei 1,2 % der kontrollierten Anwender lag kein gültiger Sachkundenachweis vor (2008: 1,4 %). Bei 1,0 % der kontrollierten Schläge, auf denen die Einhaltung der Vorschriften der Pflanzenschutz-Anwendungsverordnung kontrolliert wurde, traten Beanstandungen auf (2008: 0,5 %). Auf 8,4 % der kontrollierten Schläge wurden Verstöße bezüglich der Einhaltung der Anwendungsgebiete festgestellt (2008: 4,7 %). Auf 4,3 % der kontrollierten Schläge wurden Anwendungs- oder Bienenschutzbestimmungen nicht eingehalten (2008: 2,7 %). Die Beanstandungsquote bei kontrollierten Pflanzenschutzgeräten lag bei 2,4 % (2008: 1,8 %). In bundesweiten Schwerpunktkontrollen wurde, wie im vorigen Jahr, die Anwendung von Insektiziden in ausgewählten Gemüsekulturen überwacht. Wie im Vorjahr war ein bundesweiter Schwerpunkt die Anwendung von Pflanzenschutzmitteln auf befestigten Freilandflächen (Garagenauffahrten, Gehwege, Betriebsflächen usw.), auf denen die Anwendung von Pflanzenschutzmitteln verboten ist, und der Verkauf von Pflanzenschutzmitteln für diesen so genannten Nichtkulturlandbereich. Im Jahr 2008 wurden Bienenvölker durch den Einsatz Clothianidin-haltiger Pflanzenschutzmittel geschädigt. Daraufhin wurden Einschränkungen für den Einsatz von Neonicotinoiden erlassen. Die getroffenen Maßnahmen und Kontrollen zur Einhaltung im Jahr 2009 werden berichtet.

Bei der Überwachung von Anwendungen auf nicht landwirtschaftlich, forstwirtschaftlich oder gärtnerisch genutzten Flächen, auf denen die Anwendung von Pflanzenschutzmitteln nur mit einer behördlichen Genehmigung zulässig ist, wurden insgesamt Flächen in 965 Betrieben und von 563 Privatpersonen kontrolliert. Kontrollen auf Flächen, für die behördliche Genehmigungen vorlagen, führten in 7,8 % aller Fälle zu Beanstandungen (2008: 7,6 %). Bei der Kontrolle von Flächen, für die kein Antrag auf Genehmigung der Anwendung von Pflanzenschutzmitteln gestellt worden war, wurde bei 40,2 % der Fälle eine unzulässige Pflanzenschutzmittel-Anwendung festgestellt (2008: 33,8 %). Diese hohe Beanstandungsquote ist insbesondere das Ergebnis von gezielten Verfolgungsmaßnahmen aufgrund von konkreten Verdachtsmomenten oder aufgrund von Anzeigen Dritter. In vielen Fällen handelte es sich bei den Verstößen um von Laien begangene Zuwiderhandlungen. Die Beanstandungen machen deutlich, dass weiterhin eine intensive Aufklärungs- und Informationsarbeit erforderlich ist.

2 Einführung

Das Pflanzenschutzrecht enthält umfangreiche Bestimmungen zum Inverkehrbringen und zur Anwendung von Pflanzenschutzmitteln, Pflanzenstärkungsmitteln und Zusatzstoffen. Für die Überwachung der Einhaltung dieser Vorschriften sind die Länder zuständig.

Das **Pflanzenschutz-Kontrollprogramm** ist ein bundesweit harmonisiertes Programm zur Überwachung pflanzenschutzrechtlicher Vorschriften. Darin haben die Länder vereinbart, ihre Überwachungsprogramme untereinander abzustimmen und nach einheitlichen Standards zu arbeiten. Unter der Geschäftsführung des Bundesamtes für Verbraucherschutz und Lebensmittelsicherheit (BVL) wurde eine Expertengruppe mit Fachleuten der Länder gegründet, die Empfehlungen für solche Standards in Form eines Handbuchs ausarbeitet und das Kontrollprogramm koordiniert. Vorrangiges Ziel der Verkehrs- und Anwendungskontrollen ist es, die Einhaltung pflanzenschutzrechtlicher Bestimmungen zu überwachen und die Missachtung von Vorschriften durch angemessene Maßnahmen abzustellen. Verstöße werden nach dem Pflanzenschutzgesetz geahndet.

Wie in Abb. 1 dargestellt, ist das Pflanzenschutz-Kontrollprogramm als Bestandteil eines umfassenden Systems zu sehen, das die sachgerechte und bestimmungsgemäße Anwendung von Pflanzenschutzmitteln unter Einhaltung des hohen Schutzniveaus für die Gesundheit von Mensch und Tier und den Naturhaushalt zum Ziel hat. Neben der Prüfung und Zulassung von Pflanzenschutzmitteln bilden die Anforderungen an die Qualifikation der Verkäufer und Anwender, die Verwendung geprüfter Geräte, die Beratungstätigkeiten der Behörden und Verbände sowie die Kontrollen durch die Länder ein engmaschiges Netz zur Risikominimierung.

Der vorliegende Bericht gibt die zusammengefassten Ergebnisse für das Kontrolljahr 2009 wieder. Dem Wunsch nach verbesserter Transparenz und Information über diesen Überwachungsbereich wird hierdurch Rechnung getragen.

Die Ergebnisse des Kontrollprogramms sollen unter anderem dazu beitragen, Schwerpunkte bei der Aufklärung und Beratung in den Ländern festzulegen. Hinzu kommt die Festlegung von länderspezifischen und bundesweiten Kontrollschwerpunkten.

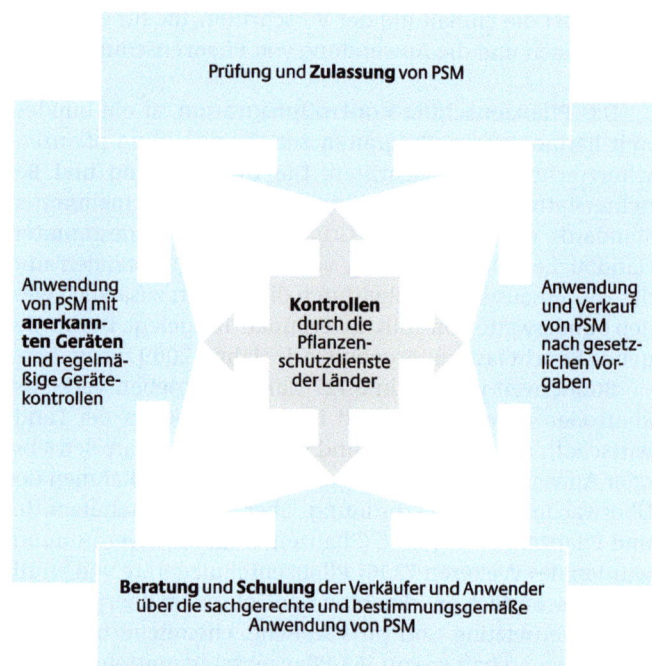

Abb. 1 Bestandteile des Systems zur bestimmungsgemäßen und sachgerechten Anwendung von Pflanzenschutzmitteln (PSM)

Auf der Basis mehrjähriger Beobachtungen sollen zudem Rückschlüsse gezogen werden, ob zum ordnungsgemäßen Inverkehrbringen und zur Sicherstellung der sachgerechten Anwendung von Pflanzenschutzmitteln die bestehenden Rechtsgrundlagen anzupassen sind. Mit den zusammengefassten Daten der Länder erfüllt die Bundesrepublik Deutschland überdies ihre Berichtspflichten gemäß der Richtlinie 91/414/EWG gegenüber der Europäischen Kommission.

3 Organisation der Verkehrs- und Anwendungskontrolle

Die Länder sind zuständig für die Überwachung der Vorschriften des Pflanzenschutzgesetzes (PflSchG) und der erlassenen Verordnungen (z. B. Pflanzenschutz-Anwendungsverordnung, Pflanzenschutzmittelverordnung, Pflanzenschutz-Sachkundeverordnung). Daneben wirken die Zollstellen, das Julius Kühn-Institut und das BVL an der Überwachung mit.

Die Verkehrs- und Anwendungskontrollen werden in den Ländern von den zuständigen Behörden als Teil der fachrechtsbezogenen Kontrollaufgaben durchgeführt. Je nach Land sind unterschiedliche Behörden für die Kontrolltätigkeiten zuständig. In Kapitel 8 sind entsprechende Kontaktadressen angegeben. Zu den Aufgaben der Länder gehören die Festlegung länderspezifischer Kontrollschwerpunkte, die Planung und Durchführung der Kontrollen, die Verfolgung und Ahndung von Ordnungswidrigkeiten sowie die Aufbereitung und Weiterleitung der Daten an das BVL zur Erstellung eines jährlichen Berichts auf der Grundlage der Länderdaten. Das BVL übernimmt außerdem die analytisch-chemische Untersuchung von Pflanzenschutzmittel-Proben, die im Handel gezogen werden. Das Pflanzenschutz-Kontrollprogramm wird gemeinsam von Bund und Ländern durchgeführt. Die hierzu eingesetzte Arbeitsgemeinschaft Pflanzenschutzmittelkontrolle (AG PMK) hat u. a. folgende Aufgaben:

- Erfahrungsaustausch über aktuelle Verdachtsfälle und die Kontrollpraxis,
- Pflege des Handbuches „Pflanzenschutz-Kontrollprogramm" (Methodensammlung),
- Erarbeitung eines Vorschlags für die jährlichen bundesweiten Kontrollschwerpunkte.

Die Gruppe setzt sich aus Spezialisten der Pflanzenschutzdienste aller Bundesländer sowie des BVL zusammen; die Geschäftsführung liegt beim BVL. Zu bestimmten Themen gibt es zusätzliche Arbeitsgruppen. Zu den Arbeitsgruppensitzungen können weitere Fachleute geladen werden; so setzt sich die AG Rückstände und Analytik im Wesentlichen aus Spezialisten für Pflanzenschutzmittelanalysen zusammen. Die Gruppe hat für das Pflanzenschutz-Kontrollprogramm ein Handbuch erstellt, das als Leitfaden für die praktische Durchführung der Pflanzenschutzkontrollen zu verstehen ist. Es beinhaltet Informationen über die verschiedenen Rechtsgrundlagen und Kontrollbereiche, Vorgaben zu den einzelnen Prüftatbeständen, Aussagen zum Kontrollumfang sowie Hinweise zur Berichterstattung. Die dort genannten Methoden und Muster-Kontrollbögen dienen als Grundlage zur Erstellung von Arbeitsanweisungen und Kontrollverfahren in den einzelnen Ländern. Das Handbuch wird in regelmäßigen Abständen überprüft und den aktuellen, insbesondere gesetzlichen Entwicklungen angepasst. Die aktuell gültige Fassung kann von der Internetseite des BVL abgerufen werden:

http://www.bvl.bund.de/psmkontrollprogramm.

4 Art und Umfang der Kontrollen

Die Länder stellen jährlich Kontrollpläne für die Verkehrs- und Anwendungskontrollen innerhalb des bundesweit geltenden Rahmens auf. Generell finden Kontrollen in folgenden Bereichen statt:

- Überwachung der Einfuhr und des Inverkehrbringens von Pflanzenschutzmitteln, Pflanzenstärkungsmitteln und Zusatzstoffen,
- Überwachung der Anwendung von Pflanzenschutzmitteln im landwirtschaftlichen, gärtnerischen und forstwirtschaftlichen Bereich,
- Überwachung der Anwendung von Pflanzenschutzmitteln auf Freilandflächen, die nicht landwirtschaftlich, gärtnerisch oder forstwirtschaftlich genutzt werden.

Innerhalb dieser Bereiche werden so genannte „Kontrolltatbestände" eingeführt, denen klar definierte Anforderungen zugrunde liegen. In Kapitel 6 sind die einzelnen Tatbestände der Kontrollbereiche näher erläutert.

4.1 Planung der Kontrollen

Handelsbetriebe geben Pflanzenschutzmittel zunehmend auf verschiedenen Vertriebswegen ab. Die Verkehrskontrollen erfolgen deshalb in allen Tätigkeitsfeldern eines Händlers:

- Großhändler, die nicht direkt an Anwender abgeben, sondern an Wiederverkäufer,
- Händler, bei denen ausschließlich professionelle Anwender einkaufen,
- Einzelhändler, die Pflanzenschutzmittel an professionelle Anwender und/oder für den Haus- und Kleingartenbereich abgeben,
- Versandhändler und Internetanbieter, die an professionelle Anwender und für den Haus- und Kleingartenbereich verkaufen.

Regional gibt es große Unterschiede bei der Anzahl und Art der Verkaufsstellen: In städtischen Regionen sind überwiegend Baumärkte oder Gartencenter zu kontrollieren, während im ländlichen Raum vor allem Genossenschaften (z. B. Raiffeisenmärkte) und Landhandelsunternehmen überprüft werden.

Insgesamt sind bei den Pflanzenschutzdiensten 10.650 Verkaufsstellen angezeigt (Stand: April 2010).

Zu den Verkehrskontrollen gehören auch die Zusammenarbeit mit Zollstellen beim Import von Pflanzenschutzmitteln und die Überprüfung von Anwendern in landwirtschaftlichen oder gärtnerischen Betrieben, die Mittel direkt importiert haben (siehe Beispiel: Zusammenarbeit bei den Kontrollen mit anderen Behörden).

Bei der Auswahl der zu kontrollierenden Handelsbetriebe wird berücksichtigt, dass Händler, die große Mengen an Pflanzenschutzmitteln an Anwender verkaufen, häufiger zu kontrollieren sind als Betriebe mit einem geringen Pflanzenschutzmittelabsatz.

Bei der Planung der Anwendungskontrollen werden die länderspezifischen Gegebenheiten berücksichtigt; hierzu gehören z. B.

- Betriebsgrößen,
- Betriebszahlen,
- Anbauschwerpunkte.

So variiert die Zahl der landwirtschaftlichen Betriebe (einschließlich Gartenbau) zwischen 1.275[1] Betrieben in den Stadtstaaten (Berlin, Bremen, Hamburg) und 121.659[1] Betrieben in Flächenstaaten wie Bayern. Insgesamt gibt es in Deutschland rund 374.514[1] Betriebe. Neben der Zahl der Betriebe schwanken auch die Betriebsgrößen. Sie reichen von Flächen unter einem Hektar, die im Nebenerwerb bewirtschaftet werden, bis zu Betrieben mit mehreren tausend Hektar, vor allem in Ostdeutschland.

Die Anzahl und Art der Kontrollen richtet sich auch nach dem Anteil der landwirtschaftlichen Fläche an der Gesamtfläche eines Landes. In den Stadtstaaten werden beispielsweise nur rund 12 %[1] der Landesfläche landwirtschaftlich genutzt, daher liegt hier ein Schwerpunkt bei der Kontrolle von Freilandflächen, die nicht landwirtschaftlich, forstwirtschaftlich oder gärtnerisch genutzt werden (z. B. Betriebs- oder Verkehrsflächen). Das Land mit dem größten Anteil landwirtschaftlich genutzter Fläche ist Schleswig-Holstein (64 %[1]).

Die angebauten Kulturen können sich regional ebenfalls stark unterscheiden. Deutlich werden diese Unterschiede z. B.

---

[1] Statistisches Bundesamt (2008) Statistisches Jahrbuch für die Bundesrepublik Deutschland 2008, Wiesbaden

bei Dauerkulturen wie Obstanlagen und Rebland. Obwohl bundesweit nur rund 1%[1] der landwirtschaftlichen Nutzfläche aus Dauerkulturen besteht, können regional die Obstanbaugebiete (z. B. am Bodensee oder im „Alten Land") oder die Weinbaugebiete große Flächen einnehmen.

Die statistischen Angaben zu Flächennutzung und Betriebskennzahlen beziehen sich auf das Jahr 2007.

Neben den regionalen Besonderheiten werden bei der Planung der Kontrollen u. a. folgende Kriterien berücksichtigt:

- Hinweise über Verstöße aus den Kontrollen der Vorjahre,
- Hinweise über die Anwendung von Pflanzenschutzmitteln in nicht zugelassenen oder nicht genehmigten Anwendungsgebieten aufgrund von Rückstandsfunden der Lebensmittelüberwachung,
- Kulturen mit intensiver Anwendung von Pflanzenschutzmitteln,
- Änderung der Zulassungssituation von Pflanzenschutzmitteln,
- Ergebnisse aus dem Grundwassermonitoring der Länder.

Zusätzlich zu länderspezifischen Kontrollplanungen werden jährlich Schwerpunkte für bundesweite Kontrollen festgelegt. Die Hintergründe und Ergebnisse der Schwerpunktkontrollen 2009 sind in den Kapiteln 6.1.2, 6.2.1 und 6.2.3.1 beschrieben.

4.2
Art der Kontrollen

Im Pflanzenschutz-Kontrollprogramm wird zwischen systematischen Kontrollen und Anlasskontrollen unterschieden.

Systematische Kontrollen erfolgen nach einem vorab erstellten Plan. Sie bieten die Möglichkeit, ein breites Spektrum von einzelnen Kontrolltatbeständen (z. B. bei Betriebskontrollen) sowie eng abgegrenzte Sachverhalte im Sinne einer risikobasierten Schwerpunktkontrolle (z. B. Kontrolle der Einhaltung von Anwendungsverboten durch Bodenuntersuchungen nach der Anwendung) zu überprüfen. Während einige Kontrolltatbestände zu jeder Zeit überprüft werden können (z. B. Sachkunde des Anwenders oder gültige Prüfplakette auf dem Pflanzenschutzgerät), ergibt sich bei anderen Tatbeständen erst bei der Vor-Ort-Besichtigung, ob eine Kontrolle möglich ist.

Anlasskontrollen dienen dagegen der Feststellung oder Aufklärung von offensichtlichen oder vermuteten Verstößen gegen das Pflanzenschutzrecht. Hierzu gehören beispielsweise Kontrollen nach Anzeigen sowie Wiederholungskontrollen in Betrieben, bei denen Mängel bei vorherigen Inspektionen festgestellt wurden. Zeigen sich auffällige Ergebnisse bei Rückstandsuntersuchungen im Rahmen der Lebensmittelüberwachung (z. B. Nachweis von Wirkstoffen, die für den Einsatz in einer Kultur nicht zugelassen oder genehmigt sind), können zudem gezielt Kontrollen im Erzeugerbetrieb durchgeführt werden. Es liegt in der Natur der Sache, dass bei Anlasskontrollen häufiger Verstöße gegen das Pflanzenschutzrecht festzustellen sind als bei systematischen Kontrollen.

Werden bei einer systematischen Kontrolle Auffälligkeiten festgestellt, kann dies der Anlass für zusätzliche Kontrollen sein. So können z. B. in Lägern aufgefundene Pflanzenschutzmittel, deren Anwendung verboten ist, dazu führen, dass auf den betriebseigenen Flächen Bodenproben entnommen werden. Mithilfe der Analyse von Pflanzen- oder Bodenproben wird geprüft, ob eine verbotene Anwendung stattgefunden hat.

4.3
Umfang der Kontrollen

4.3.1 Handelsbetriebe

Im Jahr 2009 wurden 2.727 Handelsbetriebe kontrolliert. Bei 10.650 angezeigten Betrieben ergibt sich eine Kontrollquote von 25,6 %.

4.3.2 Betriebe der Landwirtschaft, der Forstwirtschaft oder des Gartenbaus

Im Jahr 2009 wurden insgesamt 5.045 Betriebe der Landwirtschaft, der Forstwirtschaft oder des Gartenbaus kontrolliert. Diese Kontrollen setzen sich aus 2.153 Betriebskontrollen und 3.232 Anwendungskontrollen zusammen. Bei diesen Kontrollen wurden 2.861 Proben (Boden, Pflanzen oder Behandlungsflüssigkeiten) untersucht. Bei 374.514 landwirtschaftlichen Betrieben in Deutschland (im Jahr 2007) ergibt sich eine Kontrollquote von rund 1,3 % der Betriebe.

4.3.3 Anwendung von Pflanzenschutzmitteln auf nicht landwirtschaftlich, forstwirtschaftlich oder gärtnerisch genutzten Flächen

Im Jahr 2009 wurden Flächen in 965 Firmen oder Betrieben und bei 563 Privatpersonen daraufhin überprüft, ob die gesetzlichen Anforderungen bei der Anwendung von Pflanzenschutzmitteln auf nicht landwirtschaftlich, forstwirtschaftlich oder gärtnerisch genutzten Flächen, z. B. Betriebs- oder Verkehrsflächen, eingehalten wurden.

5 Maßnahmen bei Beanstandungen

5.1 Maßnahmen, die bei Beanstandungen getroffen werden können

Werden bei den Kontrollen Verstöße gegen das Pflanzenschutzgesetz festgestellt, stehen den Kontrollbehörden verschiedene Optionen zur Verfügung, um hierauf zu reagieren:

- Aufklärung des kontrollierten Betriebs über festgestellte Mängel, verbunden mit einer Beratung über den korrekten Umgang mit Pflanzenschutzmitteln oder Pflanzenschutzgeräten.
- Verwarnung des Betriebs, ggf. unter Zahlung eines Verwarnungsgeldes.
- Bei Beanstandungen kann vor Ort eine Anordnung getroffen werden, um Mängel sofort abzustellen. Das kann z. B. eine Anordnung zur sofortigen Beendigung einer Anwendung eines Pflanzenschutzmittels mit einer defekten Spritze sein. Es kann auch angeordnet werden, dass ein Betrieb bestimmte Pflanzenschutzmaßnahmen vorab beim Pflanzenschutzdienst anzeigt.
- Verstöße gegen das Pflanzenschutzrecht (§ 40 Pflanzenschutzgesetz) können als Ordnungswidrigkeit verfolgt und mit einem Bußgeld bis zu einer Höhe von 50.000 € geahndet werden.

Bei der Wahl der Maßnahmen werden verschiedene Faktoren berücksichtigt:

- Schwere, Ausmaß, Dauer und Häufigkeit des Verstoßes,
- Mögliche Folgen für die Gesundheit von Menschen und Tieren oder für die Umwelt,
- Ursache für den Verstoß, z. B. Unwissenheit, Fahrlässigkeit oder wissentliches Handeln entgegen den gesetzlichen Bestimmungen (Vorsatz). Bei besonders offensichtlichem Vorgehen oder bei wiederholt festgestellten Verstößen wird vorsatzgleiches Handeln angenommen.

Wurde ein Betrieb beanstandet, kann eine wiederholte Kontrolle erfolgen, um zu überprüfen, ob der Betrieb die Mängel abgestellt hat und entsprechend den Vorgaben des Pflanzenschutzgesetzes handelt.

Ordnungswidrigkeitsverfahren ziehen sich häufig über einen längeren Zeitraum hin, vor allem dann, wenn umfangreichere Ermittlungen zur Klärung von Tatbeständen erforderlich oder analytische Befunde oder Einspruchs- und Gerichtsverfahren anhängig sind. Die Angaben zur Höhe von erteilten Bußgeldern im Ergebnisteil dieses Jahresberichts spiegeln daher die Spannbreite aller im Kontrolljahr rechtskräftig abgeschlossenen Ordnungswidrigkeitsverfahren wider. Das bedeutet, dass einerseits die Angaben auf Bußgeldverfahren der Vorjahre beruhen können, die 2009 abgeschlossen wurden, und andererseits Ergebnisse einiger Verfahren aus dem Jahr 2009 noch nicht aufgeführt werden konnten, da diese noch nicht rechtskräftig abgeschlossen sind.

Die Anzahl der Beanstandungen in den Ergebniskapiteln enthalten auch die noch laufenden Verfahren. Nach Abschluss des Verfahrens kann sich eine zunächst angenommene Beanstandung nachträglich als nichtig herausstellen.

5.2 Weitere mögliche Konsequenzen für beanstandete Betriebe

Werden bei einem Anwender Verstöße gegen das Pflanzenschutzgesetz festgestellt, kann das zusätzlich Auswirkungen auf die Zahlung von Fördergeldern haben. Die Europäische Union gewährt Direktzahlungen für verschiedene Maßnahmen zur Entwicklung des ländlichen Raumes nach Verordnung (EG) Nr. 1782/2003 des Rates vom 29. September 2003 („Cross Compliance"). Die Gewährung von Direktzahlungen ist an die Einhaltung verbindlicher Vorschriften in Bezug auf die landwirtschaftlichen Flächen, die landwirtschaftliche Erzeugung und die landwirtschaftliche Tätigkeit geknüpft. Diese Vorschriften beinhalten auch den Pflanzenschutz. Die Nichteinhaltung der Vorschriften durch den Landwirt kann zur Kürzung von Zahlungen führen. Die Einhaltung der Vorschriften wird durch spezielle „Cross-Compliance"-Kontrollen überprüft. Gemäß Verordnung (EG) Nr. 795/2004 der Kommission vom 21. April 2004 sollen 1 % der in den Zuständigkeitsbereich einer Behörde fallenden Betriebsinhaber kontrolliert werden. Von Bedeutung ist dabei, dass Verstöße gegen „Cross-Compliance"-Verpflichtungen, die bei Kontrollen im Rahmen des Pflanzenschutz-Kontrollprogramms durch die Fachbehörden festgestellt werden („Cross-Checks"), ebenfalls zu Prämienkürzungen führen.

Als Folge von Kontrollen können auch Ermittlungen auf

der Grundlage weiterer Rechtsvorschriften eingeleitet werden. Die Pflanzenschutzdienste arbeiten hierzu mit anderen Behörden, z. B. den Lebensmittelüberwachungsbehörden, zusammen.

Bei Kontrollen zum Import oder zur Durchfuhr/Transit von Pflanzenschutzmitteln können Verstöße gegen Kennzeichnungsvorschriften oder das Patentrecht aufgedeckt werden, deren weitere Verfolgung und Ahndung an die für das Chemikalienrecht zuständigen Behörden oder an die Staatsanwaltschaft abgegeben werden. Ermittlungen beim gewerbsmäßigen Handeln mit illegalen Pflanzenschutzmitteln werden in Zusammenarbeit mit der Polizei durchgeführt.

6 Ergebnisse

6.1 Verkehrskontrollen

6.1.1 Überwachung der Zusammensetzung und der physikalischen, chemischen und technischen Eigenschaften von Pflanzenschutzmitteln

Die Pflanzenschutzdienste der Bundesländer entnehmen Pflanzenschutzmittel-Proben im Handel, die durch das BVL analysiert werden. Untersucht wird, ob Wirkstoffgehalt, Gehalte an Beistoffen und Verunreinigungen sowie physikalische, chemische und technische Eigenschaften den bei der Zulassung zugrunde gelegten Angaben zur Zusammensetzung und den einzuhaltenden Bedingungen entsprechen. Dadurch soll geprüft werden, ob die im Handel befindlichen Pflanzenschutzmittel zulassungskonform sind und ob lagerungsbedingte Qualitätsverluste auftreten.

6.1.1.1 Pflanzenschutzmittel, die bestimmte Wirkstoffe enthalten (Planproben)

Im Bereich der Verkehrskontrollen wurde für das Jahr 2009 festgelegt, dass stichprobenartig die Zusammensetzung von Pflanzenschutzmitteln im Handel untersucht wird, die einen der folgenden Wirkstoffe enthalten:

- Terbuthylazin
- Captan
- Dimethoat

Es sollten dabei sowohl zugelassene Originalmittel als auch parallelimportierte Pflanzenschutzmittel überprüft werden. Für diese Kontrollen wurden von den Pflanzenschutzdiensten der Länder Pflanzenschutzmittelpackungen im Groß- und Einzelhandel entnommen, an das Referat „Produktchemie und Analytik" des BVL gesandt und im dortigen Labor für Formulierungschemie untersucht. Die Planproben wurden auf die folgenden Prüfparameter untersucht:

- Wirkstoffgehalt
- bei flüssigen Formulierungen: Dichte als aussagekräftiges Identitätskriterium

In Abhängigkeit von der Zusammensetzung der Pflanzenschutzmittel wurden zusätzlich folgende Parameter ermittelt:

- Gehalt der Verunreinigung Atrazin in terbuthylazinhaltigen Pflanzenschutzmitteln
- Gehalt an der Verunreinigung Folpet in captanhaltigen Pflanzenschutzmitteln

Von den insgesamt 88 untersuchten Planproben stammten sechs Proben aus dem Parallelimport (6,8 %).

Ergebnis der Untersuchungen: Bei den systematischen Kontrollen wiesen 18 Proben abweichende Gehalte bei Wirkstoffen oder Verunreinigungen auf:

- Von den 22 untersuchten Planproben, die den Wirkstoff Captan enthielten, stimmten sämtliche mit den Vorgaben der Zulassung überein.
- Bei vier der zehn untersuchten Planproben dimethoathaltiger Pflanzenschutzmittel lag der ermittelte Wirkstoffgehalt außerhalb des vorgegebenen FAO-Streubereichs. Der Wirkstoffgehalt war in allen Fällen zu niedrig. Ursache war das Inverkehrbringen von überlagerten Pflanzenschutzmitteln (Produktionsdatum 2006 oder früher).
- Bei 14 der 56 untersuchten terbuthylazinhaltigen Planproben wurden Wirkstoffgehalte und/oder Gehalte an der relevanten Wirkstoffverunreinigung Atrazin festgestellt, die von den im Zulassungsbescheid festgelegten Bedingungen abweichen:
  - Bei insgesamt vier Proben von terbuthylazinhaltigen Pflanzenschutzmitteln lag der Wirkstoffgehalt außerhalb des vorgegebenen FAO-Streubereichs. Bei einer dieser abweichenden Probe war die Ursache das Inverkehrbringen eines überlagerten Pflanzenschutzmittels. Bei zwei anderen Proben traten während der analytischen Untersuchungen Konsistenzveränderungen auf, die die Homogenisierung der Probe erschwerten. Dieses Problem wurde auch vom Zulassungsinhaber festgestellt, so dass er bereits im März 2009 eine Umformulierung des Mittels vorgenommen hat.
  - Bei elf Proben lag der Gehalt an der relevanten Wirkstoffverunreinigung Atrazin aufgrund von Produktionsfehlern oberhalb der zulässigen Maximalgrenze.

Insgesamt wichen 18 der untersuchten 88 Pflanzenschutzmittelproben hinsichtlich eines oder mehrerer der oben genannten Prüfparameter ab. Daraus ergibt sich eine Mängelquote von 20,5 % (siehe Tab. 1 und Tab. 2). Hauptursachen für die hohe

Tab. 1 Prüfung auf Produktqualität im Jahr 2009 – Übersicht der Proben mit Mängeln in der Zusammensetzung, Beschaffenheit und Kennzeichnung

	Kontrollen (Anzahl)	Mängel (Anzahl, prozentual)
Anzahl kontrollierter Pflanzenschutzmittel, Summe	163	63 (38,7 %)
davon systematische Kontrollen (Planproben)	88	18 (20,5 %)
– davon zugelassene Mittel	82	18 (22,0 %)
– davon Parallelimporte	6	0 (0 %)
davon Anlasskontrollen (Verdachtsproben)	75	45 (60,0 %)
– davon aufgrund von Schäden	6	0 (0 %)
– davon Verdacht auf fehlerhafte Zusammensetzung zugelassener Mittel	5	3 (60,0 %)
– davon Verdacht illegaler Importe	42	25 (59,5 %)
– Sonstige	8	3 (37,5 %)
– Kennzeichnungsprüfung ohne Analytik	14	14 (100 %)

Abweichungsquote waren das Inverkehrbringen von überlagerten Pflanzenschutzmitteln und Produktionsfehler, die von der Qualitätskontrolle des betroffenen Zulassungsinhabers nicht erkannt wurden. Die genannten Quoten haben aufgrund der zugrunde gelegten geringen Probenzahlen keine statistische Aussagekraft, sondern geben nur einen Trend wieder.

6.1.1.2 Verdachtsproben

Verdachtsproben werden bei Beschwerden oder bei von der amtlichen Überwachung festgestellten Auffälligkeiten bzw. Unregelmäßigkeiten von den Bundesländern im Rahmen von Anlasskontrollen im Großhandel, im Einzelhandel oder auf der Erzeugerstufe genommen. Es wurden insgesamt 75 Verdachtsproben gezogen und davon 61 Proben im BVL analysiert. Im Einzelfall wurde entschieden, welche Parameter zur Klärung des Verdachts zu untersuchen sind. In den meisten Fällen waren dies der Wirkstoffgehalt und bei flüssigen Formulierungen die Dichte. Je nach Fragestellung wurden als weitere Parameter der Gehalt an ausgesuchten Beistoffen und physikalische, chemische und technische Eigenschaften wie pH-Wert, Oberflächenspannung und Schaumbeständigkeit untersucht. Teilweise wurde als Screening-Verfahren ein GC/MS-Chromatogramm der Probe aufgenommen und dieses mit dem einer Referenzprobe verglichen.

Bei 14 weiteren Proben wurde festgestellt, dass aufgrund von Kennzeichnungsmängeln, z. B. nicht vorhandener oder fehlerhafter Zulassungs- oder Parallelimport-Nummer, keine Verkehrsfähigkeit gegeben war. Diese Proben wurden nicht analysiert.

Ergebnis der Untersuchungen: Aufgrund eines Verdachts wurden 61 Pflanzenschutzmittelgebinde untersucht. Davon wiesen 31 Gebinde Mängel auf:

- Sechs Verdachtsproben waren aufgrund von Schäden im Pflanzenbestand, bei Bienen oder wegen Hautreizungen genommen worden. Es konnten durch die Untersuchungen keine Hinweise auf eine fehlerhafte Zusammensetzung als Ursache für die Schäden gefunden werden.
- Drei Proben von zugelassenen Pflanzenschutzmitteln wurden aufgrund eines Verdachts auf Einsatz nicht geprüfter Wirkstoffe anderer Produzenten (Generika) und auf fehlerhafte Zusammensetzung entnommen. Bei einer Probe konnte nachgewiesen werden, dass die Mindestreinheit des generischen Wirkstoffs nicht den Zulassungsbedingungen entsprach. Bei den beiden anderen Pflanzenschutzmittelproben konnten keine Abweichungen gegenüber den bei der Zulassung festgelegten Bedingungen festgestellt werden.
- Es wurden zwei Proben technischen Wirkstoffs untersucht, die nicht mit den rechtlichen Vorgaben übereinstimmten.

Tab. 2 Durchgeführte Analysen und festgestellte Abweichungen von den Zulassungsdaten bei Proben aus dem Pflanzenschutz-Kontrollprogramm im Jahr 2009

Analysenparameter	Planproben Captan, Terbuthylazin, Dimethoat		Verdachtsproben	
	Analysen	Mängel	Analysen	Mängel
Art des Wirkstoffs	88	0	56	1
Gehalt des Wirkstoffs	88	8	55	2
Verunreinigungen	78	11	3	0
Beistoffe	0	0	66	17
Vergleichende Chromatographie[a]	0	0	49	20
Phys., chem., techn. Eigenschaften	154	0	236	25
Insgesamt	**320[b]**	**19**	**465[b]**	**65**

[a] GC/MS-Untersuchung
[b] qualitative und quantitative Bestimmung des Wirkstoffs gilt als eine Bestimmung pro Probe

- 42 Verdachtsproben betrafen importierte Mittel, bei denen der Verdacht bestand, dass der Vertrieb nicht auf legale Weise erfolgt. Bei 17 dieser Proben stimmten die untersuchten Parameter mit denen des Referenzprodukts überein bzw. eine Abweichung konnte nicht eindeutig nachgewiesen werden. Bei 25 Proben wurden Abweichungen festgestellt.
- Bei sechs importierten Proben, die als Re-Import gekennzeichnet waren, war eine Umverpackung vorgenommen worden. Nach Rechtsauffassung des BVL handelt es sich bei umverpackter Importware, auch wenn diese ursprünglich vom deutschen Markt stammt, begrifflich nicht um einen verkehrsfähigen Re-Import. Daher sind diese Proben bereits ohne analytische Untersuchung als nicht verkehrsfähig einzustufen. Bei keiner dieser Proben wurden zusätzlich unzulässige Abweichungen gegenüber den Sollwerten nachgewiesen.
- Bei vier Pflanzenschutzmitteln, die nicht mit einer Zulassungs- oder Parallelimport-Nummer gekennzeichnet waren, wurde der Wirkstoffgehalt untersucht. In zwei Fällen wurden unzulässige Abweichungen von der Angabe auf dem Etikett festgestellt.
- Drei weitere Proben wurden aufgrund von Problemen bei der Mischung von Pflanzenschutzmitteln mit Zusatzstoffen untersucht. Es konnten keine Hinweise auf eine fehlerhafte Zusammensetzung als Ursache für die Probleme gefunden werden.
- Bei der Untersuchung eines Granulats wurde der in Deutschland nicht zulässige Wirkstoff Phorat nachgewiesen.

6.1.1.3 Übersicht der Analysen und Ergebnisse

In Tab. 1 ist aufgeschlüsselt, wie sich die 163 kontrollierten Pflanzenschutzmittelgebinde auf die unterschiedlichen Probenarten verteilen. Den größten Anteil bilden die Planproben, die die Wirkstoffe Terbuthylazin, Captan oder Dimethoat enthielten. Aufgrund eines Verdachts oder konkreten Anlasses wurden 75 Pflanzenschutzmittel zur Untersuchung eingeschickt. Tab. 2 gibt einen Überblick über durchgeführte Analysen und beanstandete Parameter.

6.1.2 Bundesweiter Kontrollschwerpunkt: Inverkehrbringen von Pflanzenschutzmitteln zur Anwendung auf Freilandflächen, die nicht landwirtschaftlich, forstwirtschaftlich oder gärtnerisch genutzt werden

Von 2008 bis 2010 findet als bundesweiter Schwerpunkt die Kontrolle von Pflanzenschutzmittel-Anwendungen auf nicht landwirtschaftlich, forstwirtschaftlich oder gärtnerisch genutzten Freilandflächen (Nichtkulturlandflächen) statt. Zu diesen Flächen zählen z. B. Gleisanlagen, Straßen, Auffahrten, Wegränder, Hof- und Betriebsflächen. Eine Pflanzenschutzmittel-Anwendung ist auf diesen befestigten Flächen grundsätzlich verboten. Nur in Ausnahmefällen kann der Pflanzenschutzdienst eine Ausnahmegenehmigung erteilen, z. B. um die Verkehrssicherheit zu gewährleisten. Da vor einer Anwendung der Kauf und somit eine Beratung des Anwenders stattfindet, sollte im Schwerpunkt auch das Inverkehrbringen gezielt kontrolliert werden. Verkäufer, die mit Pflanzenschutzmitteln handeln, müssen sachkundig sein und den Käufer vor der Abgabe über die Anwendung unterrichten. Dieser Schwerpunkt wurde gewählt, da die Ergebnisse der Kontrollen der letzten Jahre hohe Beanstandungsquoten in diesem Bereich zeigten.

In diesem Schwerpunkt sollen nicht nur Gründe für die Verstöße beim Inverkehrbringen und der Anwendung von Pflanzenschutzmitteln ermittelt werden, sondern Händler und Anwender gezielt über die geltenden Rechtsvorschriften informiert werden. Als Beispiel ist ein Muster für ein Käufer-Informationsblatt abgebildet, das seitens des Handels genutzt werden kann, um Kunden, die Pflanzenschutzmittel im Haus- und Kleingarten einsetzen möchten, über die aktuelle Rechtslage zu informieren (siehe Beispiel: Muster-Käuferinformationsblatt vom Deutschen Raiffeisenverband). Von den Pflanzenschutzdiensten der Länder werden ebenfalls Informationsbroschüren herausgegeben, die anschaulich darstellen, auf welchen Flächen Pflanzenschutzmittel angewendet werden dürfen und wo nicht.

Die Ergebnisse des Schwerpunkts sollen auch helfen, Strategien zu entwickeln, um zukünftig die Verstöße zu reduzieren.

Die Kontrolle der Abgabe von Pflanzenschutzmitteln kann durch die Pflanzenschutzdienste auf verschiedene Weisen erfolgen:

- Beobachtung eines Verkaufsgesprächs, das gerade stattfindet oder aktive Befragung eines Verkäufers zum Handel und zur Anwendung von Pflanzenschutzmitteln auf Nichtkulturlandflächen (direkte Kontrolle der Sachkunde),
- Anonymer Testkauf eines Pflanzenschutzmittels mit der Absicht zur Anwendung auf Nichtkulturlandflächen.

Ergebnisse: In Tab. 3 sind die Anzahl der durchgeführten Kontrollen im Handel speziell zum Erwerb von Pflanzenschutzmitteln zur Anwendung auf Nichtkulturlandflächen aufgeführt. Die 129 Testkäufe und die 1.106 Kontrollen zur Sachkunde des Verkäufers wurden direkt in Handelsbetrieben durchgeführt, die Pflanzenschutzmittel an Anwender abgeben. Bei Testkäufen wurde 42 Mal beanstandet (32,6 %). Die Überprüfung der Sachkunde deckte in 134 Fällen Mängel auf (12,1 %).

Tab. 3 Schwerpunkt Inverkehrbringen von Pflanzenschutzmitteln zur Anwendung auf Nichtkulturlandflächen: Anzahl der Kontrollen und Beanstandungen im Jahr 2009

	Kontrollen (Anzahl)	Beanstandungen (Anzahl, prozentual)
Anzahl direkte Kontrollen zur Sachkunde	1.106	134 (12,1 %)
Anzahl Testkäufe	129	42 (32,6 %)
Anzahl Kontrollen des Versand-/Internethandels	863	139 (16,1 %)

Tab. 4 Schwerpunkt Inverkehrbringen von Pflanzenschutzmitteln zur Anwendung auf Nichtkulturlandflächen: Festgestellte Mängel bei der Kontrolle von Verkaufspersonal

Was wurde kontrolliert?	Anzahl Beanstandungen beim Testkauf	Anzahl Beanstandungen bei der direkten Kontrolle der Sachkunde
Verkäufer hat auf die Genehmigungspflicht bei der Anwendung von PSM auf Nichtkulturland hingewiesen	24	15
Einhaltung der besonderen Abgabebedingungen gemäß § 3a Pflanzenschutz-Anwendungsverordnung bei Glyphosat (kein Verkauf ohne Vorlage der Genehmigung)	28	17
Abgabe nur von HuK-Mitteln (bei beabsichtigter Anwendung im HuK)	10	12
Abgabe nur zugelassener Pflanzenschutzmittel	1	92
Sonstiges (zwei Beanstandungen aufgrund fehlenden Hinweises auf Einhaltung von Abstandsauflagen und eine Beanstandung aufgrund fehlender Sachkunde des Verkäufers)	0	3

Tab. 4 zeigt, welche Mängel bei der Beratung durch Verkäufer festgestellt wurden. Da bei einer Kontrolle mehrere Mängel auftreten können, kann die Summe der festgestellten Mängel größer als die Anzahl der Beanstandungen in Tab. 3 sein. Wie schon in Tab. 3 wird unterschieden, ob ein Testkauf durchgeführt oder die Sachkunde des Verkäufers überprüft wurde.

Aufgrund der Kontrollen wurden durch die Behörden verschiedene Maßnahmen ergriffen, die von der Schwere der Verstöße abhängen. 70 Verkäufer wurden verwarnt oder belehrt, in 66 Fällen wurde ein Bußgeldverfahren eingeleitet, 12 Verkäufer wurden aufgefordert, eine Sachkundeprüfung abzulegen. In 5 Fällen wurde der weitere Handel mit Pflanzenschutzmitteln untersagt.

Internet- und Versandhandel: Da Pflanzenschutzmittel auch über den Internet- bzw. Versandhandel verkauft werden, wird auch bei diesem Vertriebsweg überprüft, ob die gesetzlichen Anforderungen erfüllt werden.

Zum einen wird kontrolliert, ob beim Anbieten der Pflanzenschutzmittel diese korrekt ausgelobt sind, d. h., dass richtig beschrieben ist, wofür das Pflanzenschutzmittel zugelassen ist und wie es angewendet werden muss. Es muss auf die Genehmigungspflicht bei der Anwendung von Pflanzenschutzmitteln auf befestigten Flächen und die besonderen Abgabebedingungen von glyphosathaltigen Pflanzenschutzmitteln hingewiesen werden. Ebenso muss angegeben werden, ob Pflanzenschutzmittel nur von professionellen Anwendern erworben und angewendet werden dürfen oder ob es sich um spezielle Packungen für die Anwendung im Haus- und Kleingartenbereich handelt.

Bei einem Kauf muss dem Pflanzenschutzmittel ein Informationsschreiben beigefügt sein, das die gesetzlichen Anforderungen zur Unterrichtung erfüllt.

Im Jahr 2009 wurden 863 Anbieter überprüft, die Pflanzenschutzmittel über das Internet bzw. den Versandhandel vertreiben (siehe auch Tab. 3). Insgesamt wurden 139 Händler beanstandet. In Tab. 5 sind die dabei festgestellten Mängel aufgeführt; dabei ist zu beachten, dass bei einem kontrollierten Angebot mehrere Verstöße festgestellt werden können.

Aufgrund der Kontrollergebnisse wurden in 63 Fällen Verwarnungen ausgesprochen und in 57 Fällen Bußgeldverfahren eingeleitet.

Die Kontrollen weisen darauf hin, dass beim Verkauf von

Tab. 5 Schwerpunkt Inverkehrbringen von Pflanzenschutzmitteln zur Anwendung auf Nichtkulturlandflächen: Festgestellte Mängel bei der Kontrolle von Angeboten im Internet/Versandhandel

Was wurde kontrolliert?	Anzahl Beanstandungen im Internethandel
Verkäufer hat auf die Genehmigungspflicht bei der Anwendung von PSM auf Nichtkulturlandflächen hingewiesen	41
Einhaltung der besonderen Abgabebedingungen gemäß § 3a Pflanzenschutz-Anwendungsverordnung bei Glyphosat (kein Verkauf ohne Vorlage der Genehmigung)	39
Abgabe nur von HuK-Mitteln (bei beabsichtigter Anwendung im HuK)	50
Abgabe nur zugelassener Pflanzenschutzmittel	50
Sonstiges (Beanstandungen aufgrund nicht angezeigter Verkaufstätigkeit oder weil Informationen über gesetzliche Bestimmungen fehlten)	20

Pflanzenschutzmitteln die gesetzlichen Vorgaben zur Einhaltung des Anwendungsverbots von Pflanzenschutzmitteln auf Freilandflächen, die nicht landwirtschaftlich, forstwirtschaftlich oder gärtnerisch genutzt werden, nicht immer genügend beachtet werden:

- Es kommt vor, dass Pflanzenschutzmittel verkauft werden, die auf Nichtkulturlandflächen angewendet werden sollen, obwohl der Käufer/Anwender keine Ausnahmegenehmigung vom zuständigen Pflanzenschutzdienst vorgelegt hat (Nichteinhaltung der besonderen Abgabebedingungen gemäß § 3a Pflanzenschutz-Anwendungsverordnung).
- Die Beratung beim Erwerb von PSM ist teilweise mangelhaft, insbesondere die Information über das Anwendungsverbot von Pflanzenschutzmitteln auf Nichtkulturlandflächen.

> *Beispiel: Muster-Käuferinformationsblatt vom Deutschen Raiffeisenverband (Quelle: www.wasser-und-pflanzenschutz.de, herausgegeben vom Arbeitskreis Wasser- und Pflanzenschutz)*
>
> **Pflanzenschutzmittel für den Haus- und Kleingarten**
> Die Anwendung von Pflanzenschutzmitteln unterliegt strengen gesetzlichen Regelungen.
> Verstöße gegen die Bestimmungen des Pflanzenschutzgesetzes können als Ordnungswidrigkeiten mit Geldbußen bis zu 50.000 Euro geahndet werden.
> Deshalb sind unsere Verkäufer verpflichtet, alle Erwerber über die Anwendung von Pflanzenschutzmitteln – insbesondere über Verbote und Beschränkungen – zu unterrichten.
>
> Pflanzenschutzmittel dürfen nur entsprechend den Angaben in der Gebrauchsanleitung angewendet werden.
> - Lesen Sie die Gebrauchsanweisung sorgfältig durch.
> - Führen Sie nur die in der Gebrauchsanweisung aufgeführten Anwendungen durch.
> - Halten Sie sich streng an die genannten Anwendungsgebiete, Aufwandmengen, Anwendungsbestimmungen und Vorsichtsmaßnahmen.
> - Achten Sie darauf, dass Pflanzenschutzmittel auf Freilandflächen nur angewendet werden dürfen, soweit diese landwirtschaftlich, forstwirtschaftlich oder gärtnerisch genutzt werden. Für Anwendungen auf anderen Flächen benötigen Sie eine Ausnahmegenehmigung des zuständigen Pflanzenschutzamtes.
> - Pflanzenschutzmittel dürfen nicht in oder unmittelbar an oberirdischen Gewässern und Küstengewässern angewendet werden. Die in der Gebrauchsanleitung genannten Abstände zu Gewässern (z. B. Flüssen, Bächen, Seen, Gräben, Gartenteiche) sind unbedingt einzuhalten.
> - Beachten Sie weiterhin die Auflagen in der Gebrauchsanleitung bezüglich des Bienen- und Wasserschutzes: Bienengefährliche Mittel dürfen nicht an blühenden Pflanzen – außer Hopfen und Kartoffeln – und an Pflanzen, die von Bienen beflogen werden, angewendet werden. Für die Anwendung innerhalb eines Umkreises von 60 m um einen Bienenstand innerhalb der Zeit des täglichen Bienenflugs ist die Zustimmung des Imkers erforderlich.
> - Bei Anwendungsbeschränkungen in Wasserschutzgebieten sollten Sie sich bei Ihrer Kreisbehörde erkundigen, ob Ihr Garten in einem entsprechenden Wasserschutzgebiet liegt.
>
> Im Haus- und Kleingartenbereich dürfen Pflanzenschutzmittel nur dann angewendet werden, wenn sie mit der Angabe „Anwendung im Haus- und Kleingartenbereich zulässig" gekennzeichnet sind.
>
> Sollten Sie weitere Fragen haben, wenden Sie sich bitte an unseren Fachberater, Herrn/Frau .... oder die Beratungsstelle des amtlichen Pflanzenschutzdienstes in ...... unter der Telefonnummer: 0..... / ....
>
> ...., den ....
>   (Unterschrift)

6.1.3 Kontrollen im Handel

Verkehrskontrollen erfolgen in der Regel unangemeldet. Überprüft werden sowohl Groß- und Einzelhandel als auch Versand- und Internethandel. Die Kontrollen erfassen einen großen Anteil der Handelsbetriebe, um besonders dem Risiko des Einkaufs und des Anwendens nicht zugelassener Pflanzenschutzmittel entgegenzuwirken. Damit nehmen die Kontrollen der Handelsbetriebe eine Schlüsselstellung im Pflanzenschutz-Kontrollprogramm ein.

6.1.3.1 Zulassung von Pflanzenschutzmitteln

Pflanzenschutzmittel dürfen nur in den Verkehr gebracht werden, wenn sie vom BVL zugelassen sind. Pflanzenschutzmittel, die in anderen Mitgliedstaaten der EU oder des Europäischen Wirtschaftsraumes (EWR) zugelassen sind und gleichzeitig mit hier zugelassenen Mitteln identisch sind, benötigen eine Verkehrsfähigkeitsbescheinigung, die beim BVL beantragt wird. Pflanzenschutzmittel dürfen aus Staaten außerhalb der EU nur über die Zollstellen eingeführt werden, die für die Ein- und Ausfuhr von Pflanzenschutzmitteln aus oder in Drittstaaten bekannt gegeben sind.

In Tab. 6 ist die Anzahl der Betriebe aufgeführt, in denen die Zulassung der angebotenen Mittel überprüft wurde sowie die Anzahl der beanstandeten Betriebe. Es wurde in 2.450 Betrieben überprüft, ob nur zugelassene Pflanzenschutzmittel bzw. gelistete Pflanzenstärkungsmittel und Zusatzstoffe vertrieben werden. Bei insgesamt 20 % der Betriebe wurden Verstöße festgestellt (2008: 25,6 %) und Bußgelder in einer Höhe bis zu 15.000 € festgesetzt. Insgesamt wurden 1.391 Mittel beanstandet. Bei den beanstandeten Betrieben handelt es sich zu einem Großteil um Händler, die Mittel für den Haus- und Kleingartenbereich abgeben (z. B. Baumärkte, Blumenläden, Drogerien). Bei einem großen Anteil der beanstandeten Mittel war

Tab. 6 Kontrollen zur Zulassung von Pflanzenschutzmitteln, zur Listung von Pflanzenstärkungsmitteln und Zusatzstoffen und zu Einfuhrverboten für Saat- und Pflanzgut im Jahr 2009

	Kontrollen (Anzahl)	Beanstandungen (Anzahl, prozentual)
Anzahl kontrollierter Betriebe, Summe	2.450	491 (20,0 %)
davon systematische Kontrollen	2.296	419 (18,2 %)
davon Anlasskontrollen	154	72 (46,8 %)

Beispiel: Aufdeckung des illegalen Handels mit Pflanzenschutzmitteln

Bei der Durchsuchung der Wohn- und Geschäftsräume eines der zuständigen Behörde in Hamburg bis dahin nicht bekannten Pflanzenschutzmittel-Händlers konnte diesem ein umfangreicher Handel mit nicht zugelassenen Pflanzenschutzmitteln nachgewiesen werden. In eigenen und angemieteten Lagerräumen konnten diverse nicht zugelassene Produkte sichergestellt werden. Die Pflanzenschutzmittel wurden in Fernost und dem europäischen Ausland eingekauft und an zahlreiche Kunden im Inland und EU-Mitgliedsstaaten verkauft. Empfänger der nicht zugelassenen Pflanzenschutzmittel waren Betriebe des Zierpflanzenbaus, Baumschulen, Anbauer von Weihnachtsbäumen, aber auch verschiedene Landhandels-Betriebe. In acht Bundesländern wurden hierdurch ausgelöst Anlasskontrollen und Durchsuchungen bei Kunden des Händlers durchgeführt. Hinweise auf die Verwendung der Produkte im Bereich der Lebensmittelproduktion ergaben sich nicht.

Ausgehend von den Hinweisen aus Hamburg wurde bei einem Landhändler in Schleswig-Holstein eine Kontrolle durchgeführt, durch die ein erheblicher Lagerbestand an nicht verkehrsfähigen PSM sowie Lieferscheine und Rechnungen über den

Abb. 2 Abtransport von illegalen Pflanzenschutzmitteln im Kreis Pinneberg durch die Polizei (Quelle: Polizeidirektion Bad Segeberg)

Handel mit diesen Produkten dokumentiert werden konnte. Wegen des Verstoßes gegen das Abfallrecht wurde ein Strafverfahren durchgeführt, wegen nicht sachgerechter Lagerung gefährlicher Stoffe weitere Behörden eingeschaltet. Die beanstandeten PSM wurden vor allem an Baumschulbetriebe geliefert. Dortige Kontrollen belegten z. T. die Verwendung dieser Mittel. Ordnungsrechtliche Verfahren wurden eingeleitet wegen des Handels und der Anwendung nicht zugelassener PSM. Etliche Kontrollen wurden in enger Zusammenarbeit mit der Umweltpolizei durchgeführt.

Abb. 3 Sicherstellung illegaler Pflanzenschutzmittel in der Garage eines Händlers (Quelle: Pflanzenschutzdienst Nordrhein-Westfalen)

Aufgrund der Feststellungen der Kontrollbehörden in Hamburg im I. Quartal 2009 stand zu vermuten, dass illegale Pflanzenschutzmittel in erheblichem Umfang auch nach Nordrhein-Westfalen gelangt sind. Diese Vermutung bestätigte sich durch aufwändige Kontrollfeststellungen des Pflanzenschutzdienstes bei diversen Händlern und auch Anwendern. Erstmals wurden in Einzelfällen (bei den Händlern) mit dem Instrument der richterlichen Durchsuchungsanordnung gearbeitet, dabei Akten und illegale Pflanzenschutzmittel sichergestellt bzw. beschlagnahmt. Bei den Betrieben waren insbesondere Zierpflanzenanbauer betroffen, die, mit dem Thema konfrontiert, in aller Regel kooperierten, die Anwendung zugaben und nicht verbrauchte Mittel zur Entsorgung abgaben. Ahndungswürdige Fälle wurden mit einem Bußgeldverfahren abgeschlossen. Insgesamt konnten Feststellungen bei vier Händlern, rund 130 Praxisbetrieben und 20 sonstigen Anwendern getroffen werden. Die Bußgeldhöhe bei den Händlern betrug bis zu 190.000 € (dieser Fall ist gerichtsanhängig), bei den Anwendern bis zu 4.000 €. Alle Verfahren sind abgeschlossen.

die Zulassung vor Kurzem (kürzer als 1 Jahr) ausgelaufen und die Gebinde nicht deutlich getrennt („Sperrlager") von den zugelassenen Produkten gelagert.

Zusätzlich zu den Handelsbetrieben wurden Internetangebote überprüft. Hierzu gehört beispielsweise, dass regelmäßig das in eBay eingestellte Angebot an Pflanzenschutzmitteln gesichtet wird.

6.1.3.2 Kennzeichnung von Pflanzenschutzmitteln

Sämtliche vorgeschriebenen Angaben zur Kennzeichnung eines Pflanzenschutzmittels müssen grundsätzlich auf den Behältnissen und abgabefertigen Packungen stehen. Während in der Regel alle kontrollierten Mittel auf ihren Zulassungsstatus überprüft werden, kann eine Überprüfung der Kennzeichnung mit ihren umfangreichen Angaben nur stichprobenartig erfolgen.

Es wurden 22.261 Pflanzenschutzmittel-Gebinde kontrolliert und 446 Mittel (2 %) beanstandet (Vorjahr: 2,6 %). Es wurden Bußgelder bis zu 2.500 € erhoben.

6.1.3.3 Selbstbedienungsverbot

Pflanzenschutzmittel dürfen nicht durch Automaten oder durch andere Formen der Selbstbedienung in den Verkehr gebracht werden. Das Selbstbedienungsverbot für Pflanzenschutzmittel gilt für alle Handelsstufen. Dieses Verbot ist dann nicht beachtet, wenn sich der Kunde das Mittel selbst aus dem Regal oder Lager holen kann, ohne dabei in Ladenbereiche zu gelangen, die für ihn gesperrt sind. Bei der Kontrolle wird überprüft, ob die Aufstellflächen für Pflanzenschutzmittel diesen Anforderungen genügen. Die Ergebnisse sind in Tab. 7 aufgeführt.

Tab. 7 Kontrollen zum Selbstbedienungsverbot für Pflanzenschutzmittel im Jahr 2009

	Kontrollen (Anzahl)	Beanstandungen (Anzahl, prozentual)
Anzahl kontrollierter Betriebe, Summe	2.452	189 (7,7 %)
davon systematische Kontrollen	2.368	170 (7,2 %)
davon Anlasskontrollen	84	19 (22,6 %)

Insgesamt wurden 2.452 Betriebe kontrolliert. Die Gesamtbeanstandungsquote von 7,7 % liegt unter der von 2008 (8,4 %). Aufgrund der Beanstandungen wurden Bußgelder in einer Höhe bis zu 300 € festgesetzt.

6.1.3.4 Anzeigepflicht von Handelsbetrieben

Der Anzeigepflicht nach § 21a PflSchG unterliegen alle Betriebe, die Pflanzenschutzmittel zu gewerblichen Zwecken oder im Rahmen sonstiger wirtschaftlicher Unternehmungen in den Verkehr bringen oder zu gewerblichen Zwecken einführen wollen (z. B. Landhandel, Genossenschaften, Bezugsgemeinschaften, Floristen- und Drogistenbedarf, Garten-Center, Blumenläden, Baumärkte, Haushaltswarengeschäfte, Drogerien, Apotheken). Die Anzeigepflicht gilt nicht für Landwirte,

Tab. 8 Kontrollen zur Einhaltung der Anzeigepflicht (Handelsbetriebe) im Jahr 2009

	Kontrollen (Anzahl)	Beanstandungen (Anzahl, prozentual)
Anzahl kontrollierter Betriebe, Summe	2.345	326 (13,9 %)

die Pflanzenschutzmittel nur für den eigenen Betrieb einführen. Diese Betriebe sind daher nicht in die allgemeine Verkehrskontrolle einbezogen.

Außer über systematische und anlassbezogene Betriebskontrollen wird anhand von Listen der gemeldeten Betriebe überprüft, ob die anzeigerelevanten betrieblichen Tätigkeiten gemäß § 21a PflSchG gemeldet wurden. Kontrollen können auch aufgrund von Nachfragen bei Gewerbeaufsichtsämtern, Handelskammern oder Recherchen im Branchenbuch stattfinden.

Die Beanstandungsquote ist im Vergleich zum Vorjahr höher und liegt bei 13,9 % (2008: 11,9 %) bei insgesamt 2.345 kontrollierten Betrieben (Tab. 8). In Ordnungswidrigkeitsverfahren wurden Bußgelder bis zu einer Höhe von 250 € erhoben.

6.1.3.5 Sachkunde und Unterrichtungspflicht

Jede Person, die Pflanzenschutzmittel abgibt, muss die erforderliche Zuverlässigkeit und Sachkunde haben. Sie muss des Weiteren den Käufer über die Anwendung des Pflanzenschutzmittels, insbesondere über Verbote und Beschränkungen, unterrichten. Bei einer Kontrolle wird das Verkaufspersonal zunächst darüber befragt, wer Pflanzenschutzmittel verkauft. Wenn der Betrieb das so genannte Anzeigeverfahren bereits durchgeführt hat, wird gegebenenfalls geprüft, ob der Abgebende den Kontrollbehörden bekannt ist. Sollte dies nicht der Fall sein, wird der Verkäufer/die Verkäuferin aufgefordert, seine/ihre Sachkunde nachzuweisen. Der Nachweis der „Abgeber-Sachkunde" kann erbracht werden durch:

- die Vorlage eines Zeugnisses über die bestandene Berufsabschluss-, Fortbildungs- oder Umschulungsprüfung oder über ein abgeschlossenes Hoch- oder Fachhochschulstudium in bestimmten Berufsgruppen,
- ein Prüfungszeugnis nach der Pflanzenschutz-Sachkundeverordnung,
- eine Bescheinigung der zuständigen Behörde nach dem Muster der Anlage 2 zur Pflanzenschutz-Sachkundeverordnung.

Zur Überprüfung der fachlichen Kenntnisse und der Unterrichtungspflicht wurden neben Befragungen auch anonyme Testkäufe durch die Mitarbeiter der Pflanzenschutzdienste durchgeführt.

Die Ergebnisse der Kontrollen zur Sachkunde in 2.562 Betrieben sind in Tab. 9 aufgeführt. Es wurden in 4,4 % der kontrollierten Betriebe fehlende fachliche Kenntnisse des Verkaufspersonals beanstandet (2008: 6 %) und bei wiederholt fehlender Sachkunde Bußgelder bis zu einer Höhe von 60 € erteilt. Auf die kontrollierten Personen bezogen liegt die

Tab. 9 Kontrollen zu erforderlichen fachlichen Kenntnissen (Sachkunde) der Pflanzenschutzmittelabgeber im Einzel- und Versandhandel im Jahr 2009

	Kontrollen (Anzahl)	Beanstandungen (Anzahl, prozentual)
Anzahl kontrollierter Betriebe	2.562	113 (4,4 %)
Anzahl kontrollierter Personen	5.087	128 (2,5 %)

Tab. 10 Kontrollen zur Unterrichtungspflicht der Pflanzenschutzmittelabgeber im Einzel- und Versandhandel im Jahr 2009

	Kontrollen (Anzahl)	Beanstandungen (Anzahl, prozentual)
Anzahl kontrollierter Betriebe	1.240	95 (7,7 %)
Anzahl kontrollierter Personen	1.687	97 (5,7 %)

Beanstandungsquote unter der der Vorjahre bei 2,5 % (2008: 3,5 %).

Die Ergebnisse der Kontrollen zur Unterrichtungspflicht in 1.240 Betrieben sind in Tab. 10 aufgeführt. In 7,7 % der überprüften Betriebe wurden Mängel bei der Beratung festgestellt und Bußgelder bis zu einer Höhe von 300 € ausgesprochen. Im Vergleich zum Vorjahr ergab sich bei den Kontrollen zur Unterrichtungspflicht eine vergleichbare Beanstandungsquote (2008: 8,2 %); auf die kontrollierten Personen bezogen liegt die Beanstandungsquote im Jahr 2009 mit 5,7 % niedriger als 2008 (9,1 %).

6.2 Anwendungskontrollen

6.2.1 Bundesweiter Kontrollschwerpunkt: Anwendung von Insektiziden in Gemüse

Der 2007 begonnene Schwerpunkt zur Anwendung von Insektiziden in Gemüse wurde 2009 abgeschlossen. Im Speziellen wurden Salate (Kopfsalat, Eissalat, Pflücksalat), Gurken, Tomaten, Möhren und Kopfkohl (Rot-, Weiß-, Spitz- und Wirsingkohl) beprobt. Obwohl Gemüsekulturen auf einer vergleichsweise kleinen Fläche angebaut werden, sind diese Kulturen von besonderem Interesse, da sie einerseits einen relativ hohen Anteil in der Nahrung darstellen und andererseits kulturbedingt höhere Rückstände von Pflanzenschutzmitteln aufweisen (dürfen) als beispielsweise Getreide.

Da es sich um relativ kleine Kulturen handelt, ist die Anzahl der verfügbaren Pflanzenschutzmittel vergleichsweise gering. Die Ergebnisse aus den Anwendungskontrollen und der Lebensmittelüberwachung vorhergehender Jahre erbrachten Hinweise, dass in Einzelfällen Pflanzenschutzmittel angewendet wurden, die nicht in diesen Kulturen zugelassen sind. Aus dem Nachweis von nicht in der jeweiligen Kultur bzw. nicht in Deutschland zugelassenen Pflanzenschutzmittelwirkstoffen kann jedoch nicht automatisch auf ein Fehlverhalten des Anwenders geschlossen werden. Vielmehr ist eine Prüfung im Einzelfall notwendig, da auch beim gesetzeskonformen Handeln des Erzeugers derartige Rückstände (legal) auftreten können und dürfen (solange sie unter der Höchstmenge bleiben):

- Durch die zunehmend genauere Analytik können auch sehr geringe Rückstände nachgewiesen werden, die z. B. aus der Abdrift bei einer Anwendung in Nachbarkulturen oder aus technisch bedingten Restmengen, die in dem Spritzgerät aus einer vorherigen Anwendung verblieben sind, stammen.
- In Deutschland darf Saatgut importiert und verwendet werden, das mit Pflanzenschutzmitteln gebeizt wurde, die in einem Mitgliedstaat der EU zugelassen sind. Durch diese Regelung kann in Deutschland Saatgut ausgesät werden, das in Deutschland nicht zugelassene Pflanzenschutzmittel enthält.
- Insbesondere im Gemüsebau erfolgt die Jungpflanzenaufzucht selten im eigenen Betrieb. Die Aufzucht der Jungpflanzen erfolgt oftmals im Ausland, sodass Jungpflanzen importiert werden, die mit Pflanzenschutzmitteln behandelt wurden, die im Ausland zugelassen sind, jedoch nicht in Deutschland.

Im Jahr 2007 wurde in Deutschland auf insgesamt 127.757[2] ha Gemüse im Freiland kultiviert, was 0,8 % der landwirtschaftlichen Nutzfläche entspricht. Von den für den Schwerpunkt ausgewählten Kulturen entfallen 10.217[2] ha auf Möhren, 9.707[2] ha auf Weißkohl, Rotkohl und Wirsingkohl, 8.991[2] ha auf Eichblatt-, Eis-, Kopf- und Lollosalat und 2.966[2] ha auf Gurken (hauptsächlich Einlegegurken). Gemüse unter Glas wird auf 1.607[2] ha angebaut, davon auf 293[2] ha Tomaten, auf 259[2] ha Salatgurken und auf 163[2] ha Kopfsalat.

Die Probenahme durch die Pflanzenschutzdienste erfolgt direkt auf behandelten Flächen mittels Blatt- oder Bodenproben. Die Beprobung war entsprechend der im Handbuch beschriebenen Vorgehensweise durchzuführen.

In Tab. 11 sind der Kontrollumfang und die Beanstandungen zusammengefasst. Insgesamt wurden 235 Schläge von 221 Betrieben kontrolliert und 264 Blatt- bzw. Bodenproben entnommen und analysiert. Aufgrund der Untersuchung der

Tab. 11 Ergebnisse der Schwerpunktkontrolle Gemüse für das Jahr 2009 – Probenumfang und Beanstandungen

	Kontrollen (Anzahl)	Beanstandungen (Anzahl, prozentual)
Anzahl kontrollierter Betriebe	221	10 (4,5 %)
Anzahl kontrollierter Schläge	235	12 (5,1 %)

---
[2] BMELV (2009): Ertragslage Garten- und Weinbau 2008. Die Angaben beziehen sich auf das Jahr 2007.

Tab. 12 Ergebnisse der Schwerpunktkontrolle Gemüse für das Jahr 2009 (nachgewiesene Rückstände von nicht zulässigen Wirkstoffen, die aus aktuellen Anwendungen in den aufgeführten Kulturen stammen)

Untersuchte Kulturen	Anzahl kontrollierter Schläge	Anzahl der Schläge mit Beanstandungen (%)	Nachgewiesene Insektizide, deren Anwendung in den untersuchten Kulturen nicht zulässig war
Salat (Kopfsalat, Eissalat, Pflücksalat)	71	1 (1,4 %)	keine unzulässige Insektizidanwendung, Nachweis des fungiziden Wirkstoffs Difenoconazol[c]
Gurken	30	5 (16,7 %)	1× Fenbutatin-oxid[d], fungizide Wirkstoffe: 1× Boscalid[a], 2× Iprodion[b], 1× Propamocarb[a]
Tomaten	39	1 (2,6 %)	1× Clothianidin[c], 1× α-Cypermethrin[c], 1× fungizider Wirkstoff Difenoconazol[c]
Möhren	34	2 (5,9 %)	1× Ethiofencarb[d], 1× Methamidophos[d], 1× Parathion[d], 1× Propoxur[d], fungizide Wirkstoffe: 1× Dimethomorph[b], 1× Tolylfluanid[c]
Kopfkohl (Rot-, Weiß-, Spitz-, Wirsingkohl)	61	3 (4,9 %)	1× α-Cypermethrin[c], 1× fungizider Wirkstoff Carbendazim[c]/Benomyl[d,e], 1× herbizider Wirkstoff Fluazifop-P[c]
Summe:	**235**	**12 (5,1 %)**	–

[a] Der Wirkstoff ist in der Kultur zugelassen, aber es gibt Einschränkungen bei der Anwendung: Boscalid ist nur für eine Anwendung im Gewächshaus und nicht im Freiland zugelassen. Propamocarb ist nur für Freiland- und nicht für Gewächshausanwendungen zugelassen.
[b] Für einige Monate bestanden im Jahr 2009 keine Zulassungen bzw. Aufbrauchfristen für PSM mit diesen Wirkstoffen in den genannten Kulturen. Mittlerweile sind die Jungpflanzenbehandlung von Gurken im Gewächshaus (keine Freilandanwendung) mit Iprodion und die Anwendung von Dimethomorph in Möhren zugelassen.
[c] Wirkstoff war 2009 in Deutschland in zugelassenen Pflanzenschutzmitteln enthalten. Es bestanden jedoch zum Zeitpunkt der Kontrolle keine Zulassungen, Genehmigungen oder Aufbrauchfristen in den genannten Kulturen.
[d] Wirkstoff war 2009 in Deutschland in keinem zugelassenen Pflanzenschutzmittel enthalten. Es galt auch keine Aufbrauchfrist.
[e] Analytisch wird Carbendazim als Summe von Carbendazim und Benomyl erfasst. Der Wirkstoff Carbendazim kann auch als Abbauprodukt von Benomyl oder Thiophanatmethyl auftreten.

Blatt- und Bodenproben wurden zwölf Schläge (5,1%) in zehn Betrieben beanstandet, da in den entsprechenden Kulturen nicht ausgewiesene Pflanzenschutzmittel angewendet wurden.

Detaillierte Ergebnisse zu den untersuchten Kulturen sind in Tab. 12 aufgelistet. Wie oben ausgeführt, ist der Nachweis eines Wirkstoffs in einer Kultur nicht in allen Fällen mit einer nicht erlaubten Anwendung gleichzustellen. Daher sind in Tab. 12 nur die Wirkstoffe aufgeführt, bei denen die unzulässige Anwendung in der Kultur als nachgewiesen gelten kann.

Die Analysenergebnisse aus dem Pflanzenschutz-Kontrollprogramm lassen keine direkten Rückschlüsse auf Rückstände von Pflanzenschutzmitteln zum Erntezeitpunkt zu, da die Entnahmen von Boden- und Pflanzenproben teilweise weit vor dem Erntezeitpunkt erfolgten und bis zur Ernte Abbauprozesse im Boden und in der Pflanze stattfinden.

Salate (Kopfsalat, Eissalat, Pflücksalat) ohne Feldsalat: Einer von 71 untersuchten Schlägen wurde beanstandet; allerdings nicht wegen einer unerlaubten Anwendung von Insektiziden. Es wurde der fungizide Wirkstoff Difenoconazol nachgewiesen. Pflanzenschutzmittel mit diesem Wirkstoff sind in Deutschland zugelassen, jedoch nicht für eine Anwendung in Salat.

Gurken: Auf fünf von 30 kontrollierten mit Gurken bewachsenen Schlägen wurden Wirkstoffe nachgewiesen, die in der Kultur zum Zeitpunkt der Kontrolle nicht zugelassen waren. Einmal wurde das Insektizid Fenbutatin-oxid angewendet. Pflanzenschutzmittel mit diesem Wirkstoff waren in Deutschland zuletzt 2002 zugelassen. Drei fungizide Wirkstoffe wurden nicht vorschriftsmäßig angewendet: Boscalid, Propamocarb und Iprodion (2×). Boscalid und Propamocarb sind für eine Anwendung in Gurken zugelassen, Boscalid jedoch nur im Gewächshaus und Propamocarb nur im Freiland. Die Anwendung Iprodion-haltiger Pflanzenschutzmittel in Gurken war 2009 für einige Monate ausgesetzt. Mittlerweile ist eine Anwendung wieder zulässig.

Tomaten: Bei den Untersuchungen im Pflanzenschutz-Kontrollprogramm wurde einer von 39 untersuchten Schlägen beanstandet. Es wurden drei Wirkstoffe nachgewiesen, die in Deutschland in zugelassenen Pflanzenschutzmitteln enthalten sein und nicht in Tomaten angewendet werden dürfen. Es handelte sich um die insektiziden Wirkstoffe Clothianidin und α-Cypermethrin und den fungiziden Wirkstoff Difenoconazol.

Möhren: Auf zwei von 34 kontrollierten Schlägen wurden nicht für Möhren zugelassene Pflanzenschutzmittel angewendet. Insgesamt wurden vier insektizide Wirkstoffe (Ethiofencarb, Methamidophos, Parathion und Propoxur) nachgewiesen, die in keinem in Deutschland zugelassenen Pflanzenschutzmittel mehr enthalten sein dürfen und deren Anwendung auch EU-weit verboten ist. Außerdem wurden zwei fungizide Wirkstoffe nachgewiesen: Der Wirkstoff Tolylfluanid war 2009 in Deutschland in zugelassenen Pflanzenschutzmitteln enthalten, aber durfte nicht in Möhren angewendet werden. Für Pflanzenschutzmittel mit dem Wirkstoff Dimethomorph bestanden im Jahr 2009 für einige Monate keine Zulassungen oder Aufbrauchfristen für eine Anwendung in der Kultur Möhren.

Kopfkohl (Rot-, Weiß-, Spitz-, Wirsingkohl): Auf drei von 61 untersuchten Schlägen wurden Verstöße bei der Einhaltung der zugelassenen Anwendungsgebiete festgestellt. Der insektizide Wirkstoff α-Cypermethrin, der fungizide Wirkstoff Carbendazim und der herbizide Wirkstoff Fluazifop-P waren 2009 in zugelassenen Pflanzenschutzmitteln enthalten. Eine Zulassung für die Anwendung in Kopfkohl bestand jedoch nicht.

Fazit: Die Ergebnisse des Pflanzenschutz-Kontrollprogramms zeigen, dass 2009 in einigen Fällen die Anwendung nicht bzw. nicht für die jeweilige Kultur zugelassener Pflanzenschutzmittel erfolgte. Auf drei Schlägen liegen besonders schwere Verstöße gegen das Pflanzenschutzgesetz vor, da insgesamt fünf Wirkstoffe eingesetzt wurden, die zum Anwendungszeitpunkt EU-weit verboten waren und deren letzte Zulassungen in Deutschland teilweise schon sehr lange zurück liegen. Die letzten Zulassungen von Pflanzenschutzmitteln mit den genannten Wirkstoffen endeten bei Ethiofencarb 1999, bei Methamidophos 2008, bei Parathion 2002 und bei Propoxur 1999. Achtmal wurden Pflanzenschutzmittel angewendet, die in Deutschland zugelassen sind, aber nicht für die behandelten Kulturen. In vier Fällen kann von einer Unachtsamkeit des Anwenders ausgegangen werden: In zwei Fällen hat sich die Zulassungssituation im Verlauf des Jahres 2009 so verändert, dass die Anwendung nur für einige Monate nicht zulässig war. In zwei Fällen war der Wirkstoff für die Anwendung in der Kultur prinzipiell zugelassen, einmal nur im Gewächshaus und einmal nur im Freiland.

Aufgrund des geringen Probenumfangs für die einzelnen Kulturen können die Ergebnisse nicht auf eine Allgemeinsituation in Deutschland extrapoliert werden. Teilweise wurden Betriebe auch gezielt aufgrund einer Risikoanalyse ausgewählt und beprobt.

Zusammenfassung der Ergebnisse des Schwerpunkts 2007 bis 2009

Insgesamt wurden im Schwerpunkt „Anwendung von Insektiziden in Gemüse" im Zeitraum von 2007 bis 2009 741 Schläge in 716 Betrieben kontrolliert. Dabei wurde auf 35 Schlägen von 33 Betrieben eine unzulässige Anwendung von Pflanzenschutzmitteln festgestellt. Das entspricht einer Beanstandungsquote von 4,7 %. In den drei Jahren wurden 223 Schläge mit Salat (8 Beanstandungen), 96 Schläge mit Gurken (6 Beanstandungen), 109 Schläge mit Tomaten (5 Beanstandungen), 124 Schläge mit Möhren (3 Beanstandungen) und 189 Schläge mit Kopfkohl (13 Beanstandungen) kontrolliert.

Um im Hinblick auf die Höhe der festgestellten Beanstandungen kulturbezogen gesicherte Aussagen treffen zu können, hätte ein repräsentativer Probenumfang gewährleistet werden müssen. Da dies einen nicht zu leistenden Aufwand bedeutet hätte, fehlt eine ausreichende Datengrundlage. Dennoch ist es möglich, nach Abschluss des Schwerpunktes folgende Schlussfolgerungen zu ziehen:

- Auf 16 Schlägen wurden Wirkstoffe in Kulturen eingesetzt, die zwar in Deutschland in zugelassenen Pflanzenschutzmitteln enthalten waren, aber zum Zeitpunkt der Kontrolle nicht in den beprobten Kulturen. Um zukünftig solche Beanstandungen zu vermeiden, ist neben der Verstärkung der Beratungsaktivitäten zu gewährleisten, dass eine ausreichende Mittelpalette zur Bekämpfung von Schadorganismen zur Verfügung steht.
- Auf acht Schlägen wurden insgesamt zehn Wirkstoffe angewendet, die zum Zeitpunkt der Kontrolle in keinem in Deutschland zugelassenen Pflanzenschutzmittel enthalten sein durften und die teilweise schon mehrere Jahre EU-weit verboten sind. Diese Anwendungen sind als grober Verstoß gegen das Pflanzenschutzrecht zu bewerten und in keiner Weise entschuldbar. Um Wiederholungen auszuschließen, muss eine konsequente Ahndung der Verstöße erfolgen.
- In fünf Fällen wurden Wirkstoffe in Kulturen nachgewiesen, bei denen zeitweise Einzelfallgenehmigungen (nach § 18b PflSchG) oder Genehmigungen nach § 11 Abs. 2 PflSchG vorlagen, jedoch nicht zum Zeitpunkt der Kontrolle. Ein illegaler Einsatz der Wirkstoffe hätte demnach durch eine rechtzeitige Antragstellung für eine erteilbare Genehmigung nach § 18a PflSchG bzw. durch Beachtung der bereits abgelaufenen Genehmigungen nach § 11 Abs. 2 PflSchG vermieden werden können. Die Schließung von Lücken, damit auch für kleine Kulturen ausreichend Pflanzenschutzmittel zur Verfügung stehen, um Schaderreger bekämpfen zu können, ist somit als eine der wirksamen Maßnahmen gegen die illegale Anwendung von Pflanzenschutzmitteln zu sehen.
- Drei Beanstandungen hätten nicht festgestellt werden können, wenn die Zulassung für die Anwendung in einer Kultur nicht für einige Monate unterbrochen worden wäre. Die Unterbrechungen ergeben sich teilweise aus formalen Gründen, z. B. einer nicht fristgerechten Beantragung von Genehmigungen nach Neuzulassung.
- Bei der Kultur Gurken waren drei der sechs Beanstandungen auf eine Anwendung von Pflanzenschutzmitteln, die zwar in Gurken, aber nicht im Freiland bzw. nicht im Gewächshaus zugelassen waren, zurückzuführen. Hier muss in der Beratung deutlicher auf die Einschränkungen bei der Zulassung hingewiesen werden. Auch muss eine ausreichende Verfügbarkeit von Mitteln zur Bekämpfung von Schadorganismen in Gurken für das Freiland und das Gewächshaus gegeben sein.

6.2.2 Anwendungskontrollen in landwirtschaftlichen, gärtnerischen und forstwirtschaftlichen Betrieben

Die Kontrollen zur Anwendung von Pflanzenschutzmitteln erfolgen in Form von:

- Kontrollen in den Betrieben (Betriebsprüfungen),
- Kontrollen während der Anwendung von Pflanzenschutzmitteln,
- Kontrollen nach der Anwendung von Pflanzenschutzmitteln (Boden- oder Pflanzenproben).

Kontrollen in den Betrieben (auf dem Hof) werden ganzjährig durchgeführt. Die Kontrollen erfolgen teilweise angemeldet, um kompetente Ansprechpartner im Betrieb anzutreffen. Die

Betriebe werden aufgrund einer systematischen Auswahl und der Festsetzung von Schwerpunkten bestimmt und kontrolliert. Zusätzlich können anlassbezogen vertiefte Kontrollen vor Ort durchgeführt werden, z. B. Kontrollen nach der Anwendung von Pflanzenschutzmitteln.

Kontrollen während der Anwendung oder unmittelbar danach (auf der Fläche) erfolgen grundsätzlich unangemeldet. Sie sind nur durchführbar, wenn der Anwender sich auf der Fläche befindet. Bei der Jahresplanung von Anwendungskontrollen ist nicht vorhersehbar, ob und wie viele Landwirte während der Anwendung von Pflanzenschutzmitteln auf ihren Flächen angetroffen werden. Für bestimmte Kulturen oder innerhalb enger Anwendungszeitfenster sind diese Kontrollen eingeschränkt planbar (Beispiel: Überprüfung der Anwendung bienengefährlicher Pflanzenschutzmittel zur Blütezeit). Bei den Anwendungskontrollen auf dem Feld wird durch Befragung der Landwirte oder Kontrolle mitgeführter Pflanzenschutzmittelbehältnisse festgestellt, welche Produkte appliziert werden. Anschließend wird überprüft, ob die verwendeten Pflanzenschutzmittel zugelassen sind, welche Anwendungsgebiete sowie Anwendungsbestimmungen festgesetzt sind oder ob sie einem Anwendungsverbot oder einer Anwendungsbeschränkung unterliegen. Die Auskünfte des Anwenders und die festgestellten Ergebnisse werden protokollarisch festgehalten. Wenn keine Behältnisse mitgeführt werden oder Zweifel an den Aussagen des Anwenders bestehen, werden zur Überprüfung der Angaben Fassproben (Behandlungsflüssigkeitsproben) entnommen.

Kontrollen nach der Anwendung (auf der Fläche) sind stets planbare Kontrollen und gehen in der Regel mit einer Entnahme von Pflanzen- oder Bodenproben einher. Sie müssen jedoch in einem angemessen kurzen Zeitraum nach der Anwendung erfolgen. Die Auswahl und eindeutige Zuordnung von Flächen zu einem Betrieb ist vor der Probenahme möglich. Bei einer Herbizidanwendung lässt sich auch visuell überprüfen, ob die Anwendungsbestimmungen (z. B. unbehandelter Randstreifen, Abstand zum Gewässer) eingehalten worden sind. In der Regel erfolgt vor, während oder nach der Beprobung eine Befragung des Bewirtschafters, um eingrenzen zu können, welche Pflanzenschutzmittelwirkstoffe bei der Laboranalyse berücksichtigt werden müssen. Die Kontrollen mittels Probenahme und Analyse von Boden- oder Blattproben sind sehr zeit- und kostenintensiv.

Die Summenangaben im vorliegenden Bericht beziehen sich auf die einzelnen überprüften Tatbestände. Sie geben daher nicht immer direkt die Anzahl aller kontrollierten Betriebe wieder. So können z. B. in einem Betrieb mehrere Personen auf ihre fachlichen Kenntnisse (Sachkunde) überprüft werden. Im gleichen Betrieb kann jedoch auf eine Kontrolle des Tatbestands „Einhaltung der Anwendungsbestimmungen" verzichtet worden sein, da zum Zeitpunkt der Überprüfung keine Pflanzenschutzmaßnahmen durchgeführt wurden.

Insgesamt wurden im Jahr 2009 5.045 Betriebe kontrolliert. Diese Zahl setzt sich aus 2.153 Betriebskontrollen und 3.232 Anwendungskontrollen zusammen. Da bei einigen Betrieben sowohl Betriebskontrollen als auch Anwendungskontrollen durchgeführt wurden, ist die Summe der beiden Kontrollarten höher als die Anzahl der insgesamt kontrollierten Betriebe. Bei

Tab. 13 Kontrollen der im Gebrauch befindlichen Pflanzenschutzgeräte im Jahr 2009

	Kontrollen (Anzahl)	Beanstandungen (Anzahl, prozentual)
Anzahl kontrollierter Geräte während der Anwendung oder auf dem Hof, Summe	3.855	93 (2,4 %)
davon systematische Kontrollen	3.461	47 (1,4 %)
davon Anlasskontrollen	394	46 (11,7 %)

den Kontrollen wurden 2.861 Proben (Boden, Pflanzen oder Behandlungsflüssigkeiten) entnommen und analysiert.

6.2.2.1 Pflanzenschutzgeräte im Gebrauch

Nach der Pflanzenschutzmittelverordnung dürfen Pflanzenschutzgeräte, die keiner vorgeschriebenen Prüfung unterzogen worden sind, nicht verwendet werden. Daher wird bei der Kontrolle des Gerätes zuerst geprüft, ob eine gültige Prüfplakette vorhanden ist. Alternativ kann der Anwender auch mit dem Prüfprotokoll die fristgerechte Prüfung des Gerätes nachweisen. Weiterhin wird durch eine visuelle Überprüfung des äußeren Zustandes des Gerätes festgestellt, ob es offensichtliche Mängel gibt, die eine ordnungsgemäße Applikation des Pflanzenschutzmittels beeinträchtigen, z. B. undichte Behälter- und Drucksysteme, fehlerhafte Manometer, nachtropfende Düsen, defekte oder hängende Spritzgestänge.

In Tab. 13 sind die Ergebnisse der 3.855 Kontrollen aufgeführt. Die Beanstandungsquote lag bei 2,4 % (2008: 1,8 %). Es wurden Bußgelder bis zu einer Höhe von 600 € erteilt.

6.2.2.2 Sachkunde der Anwender

Wer Pflanzenschutzmittel im landwirtschaftlichen, gartenbaulichen oder forstwirtschaftlichen Eigenbetrieb oder als Lohnunternehmer anwendet, muss die dafür erforderliche Zuverlässigkeit und die dafür erforderlichen fachlichen Kenntnisse und Fertigkeiten haben. Näheres regelt die Pflanzenschutz-Sachkundeverordnung.

Bei 4.347 Kontrollen wurden in 1,2 % der Fälle Personen ohne die erforderliche Sachkunde im Umgang mit Pflanzenschutzmitteln festgestellt (Tab. 14). Im Vorjahr wurden 1,4 % der Anwender beanstandet.

Tab. 14 Kontrollen zu erforderlichen fachlichen Kenntnissen (Sachkunde) der Pflanzenschutzmittelanwender im Jahr 2009

	Kontrollen (Anzahl)	Beanstandungen (Anzahl, prozentual)
Anzahl kontrollierter Anwender, Summe	4.347	53 (1,2 %)
davon systematische Kontrollen	3.840	37 (1,0 %)
davon Anlasskontrollen	507	16 (3,2 %)

Tab. 15 Kontrollen zur Einhaltung von Anwendungsgebieten im Jahr 2009

	Kontrollen (Anzahl)	Beanstandungen (Anzahl, prozentual)
Anzahl der kontrollierten Schläge, Summe	3.029	255 (8,4 %)
davon systematische Kontrollen	2.613	69 (2,6 %)
davon Anlasskontrollen	416	186 (44,7 %)

Tab. 16 Kontrollen zur Einhaltung von Anwendungsbestimmungen, behördlichen Anordnungen und zum Bienenschutz im Jahr 2009

	Kontrollen (Anzahl)	Beanstandungen (Anzahl, prozentual)
Anzahl der kontrollierten Schläge, Summe	1.955	85 (4,3 %)
davon systematische Kontrollen	1.740	64 (3,7 %)
davon Anlasskontrollen	215	21 (9,8 %)
davon Bienenschutzkontrollen	451	5 (1,1 %)

6.2.2.3 Einhaltung der Anwendungsgebiete

Pflanzenschutzmittel dürfen nur angewendet werden, wenn sie zugelassen sind. Für Mittel, deren Zulassung durch Zeitablauf endet, gibt es eine Aufbrauchfrist. Zudem dürfen Pflanzenschutzmittel nur in den Anwendungsgebieten angewendet werden, die bei der Zulassung vorgesehen oder genehmigt sind, also nur für die ausgewiesenen Kulturen und gegen die bezeichneten Schaderreger (z. B. Anwendung in Winterweizen zur Bekämpfung von zweikeimblättrigen Unkräutern).

In Tab. 15 sind die Ergebnisse aus der bundesweiten Schwerpunktkontrolle zur Anwendung von Pflanzenschutzmitteln in Gemüse (Kapitel 6.2.1) enthalten, da diese auch Kontrollen zur Einhaltung von Anwendungsgebieten darstellen. Bei 2.613 systematischen Kontrollen wurden in 69 Fällen (2,6 %) Mängel festgestellt (2008: 2,4 %); bei 416 Anlasskontrollen wurden in 44,7 % aller Fälle Mängel festgestellt. Anlässe für Kontrollen können z. B. das Auffinden bestimmter Pflanzenschutzmittel im Betrieb sein, die nicht zu den angebauten Kulturen passen oder Rückstände in Pflanzen, die in der Lebensmittelkontrolle identifiziert wurden. Es wurden Bußgelder bis zu 4.500 € verhängt.

In vielen Klein- und Sonderkulturen ist die Palette zulässiger Mittel äußerst schmal, weil die Industrie aus wirtschaftlichen Gründen für diese „Lückenindikationen" nur wenige Anträge auf Zulassung eines Pflanzenschutzmittels stellt. Dementsprechend gibt es bei den Anwendern teilweise die Versuchung, Pflanzenschutzmittel außerhalb der zugelassenen oder genehmigten Anwendungsgebiete einzusetzen. In einer Initiative von Ländern und Bund ist es inzwischen gelungen, auf dem Wege der Genehmigungen nach §§ 18, 18a Pflanzenschutzgesetz viele Pflanzenschutzmittel für Klein- und Sonderkulturen verfügbar zu machen.

6.2.2.4 Einhaltung der Anwendungsbestimmungen und Bienenschutzbestimmungen

Anwendungsbestimmungen sind Vorschriften, die vom BVL mit der Zulassung eines Mittels erteilt werden, um schädliche Auswirkungen auf die Gesundheit von Mensch und Tier oder auf das Grundwasser oder sonstige unvertretbare Auswirkungen, insbesondere auf den Naturhaushalt, zu verhindern. Zu den Anwendungsbestimmungen gehören beispielsweise Mindestabstände zu Gewässern und Saumbiotopen, die bei der Anwendung von Pflanzenschutzmitteln eingehalten werden müssen. Die Bienenschutzverordnung enthält Vorschriften für bienengefährliche Pflanzenschutzmittel. So dürfen solche Mittel nicht an blühenden Pflanzen angewendet werden und auch nicht an anderen Pflanzen, die von Bienen beflogen werden. Gezielte Kontrollen erfolgen z. B. in der Zeit der Obst-, Reben- und Rapsblüte. Die Kontrolle der genannten Vorschriften erfolgt über die Entnahme und Analyse von Boden- oder Pflanzenproben. Bei Kontrollen während der Anwendung können des Weiteren Probenahmen von Behandlungsflüssigkeiten erfolgen. Auch Dokumentationsprüfungen sind möglich, wenn es um erteilte bzw. nicht erteilte Einzelfallgenehmigungen nach § 18b PflSchG geht.

In Tab. 16 sind die Ergebnisse der Kontrollen zur Einhaltung von Anwendungsbestimmungen, behördlichen Anordnungen und zum Bienenschutz aufgeführt. Insgesamt wurden 1.955 Kontrollen durchgeführt und in 4,3 % der Fälle Verstöße festgestellt. Das Ergebnis liegt damit über dem Niveau der Vorjahre 2007 und 2008 (2,7 %).

In den 1.955 Kontrollen sind auch 451 Kontrollen speziell zum Bienenschutz enthalten. Die Beanstandungsquote bei den 1.740 systematischen Kontrollen betrug 3,7 % und liegt damit deutlich über dem Stand des Vorjahres (2008: 2,0 %). Naturgemäß liegen die Beanstandungsquoten bei den Anlasskontrollen höher. Bei 9,8 % der 215 anlassbezogenen Kontrollen, z. B. nach Anzeigen, wurden Verstöße festgestellt. Die Folge waren Bußgelder bis zu 2.420 €.

6.2.2.5 Einhaltung der Anwendungsverbote und -beschränkungen

Die Pflanzenschutz-Anwendungsverordnung enthält Anwendungsverbote und -beschränkungen für Pflanzenschutzmittel, die bestimmte Wirkstoffe enthalten. Nachfolgend sind nur Kontrollen bzw. Beanstandungen aufgeführt, die sich aufgrund einer Anwendung auf landwirtschaftlich, forstwirtschaftlich oder gärtnerisch genutzten Flächen ergaben. Kontrollen und Beanstandungen gegen Bestimmungen der Anlage 3 (Anwendungsbeschränkungen), Abschnitt A, die sich auf eine Anwendung auf nicht landwirtschaftlich, forstwirtschaftlich oder gärtnerisch genutzten Flächen (z. B. Gehwege, Betriebsflächen, Gleise) beziehen, sind im Kapitel 6.2.3 aufgeführt.

Die Kontrollen erfolgen in der Regel nach der Anwendung von Pflanzenschutzmitteln über die Entnahme und Analyse von Boden- oder Pflanzenproben. Wird ein Anwender während der Applikation angetroffen, können auch Proben der Be-

Tab. 17 Kontrollen zur Einhaltung von Anwendungsverboten und -beschränkungen (nach Pflanzenschutz-Anwendungsverordnung) im Jahr 2009

	Kontrollen (Anzahl)	Beanstandungen (Anzahl, prozentual)
Anzahl der kontrollierten Schläge, Summe	1.813	18 (1,0 %)
davon systematische Kontrollen	1.506	3 (0,2 %)
davon Anlasskontrollen	307	15 (4,9 %)

handlungsflüssigkeiten entnommen werden. Bei der nachfolgenden Analyse der Proben werden über Multimethoden auch Wirkstoffe erfasst, deren Anwendung gemäß Pflanzenschutz-Anwendungsverordnung verboten ist. Zusätzlich wurden gezielte Kontrollen zur Anwendung bestimmter verbotener Wirkstoffe durchgeführt.

Wie aus Tab. 17 ersichtlich, wurden bei den 1.813 Kontrollen 18 Verstöße gegen die Vorschriften der Pflanzenschutz-Anwendungsverordnung festgestellt. Es wurden Bußgelder bis zu einer Höhe von 250 € verhängt.

6.2.2.6 Anzeigepflicht von gewerblichen Pflanzenschutzmittelanwendern und -beratern

Gemäß § 9 PflSchG unterliegen Gewerbetreibende, die für Dritte Pflanzenschutzmittel anwenden (z. B. Lohnunternehmen) oder die andere über deren Anwendung beraten, einer Anzeigepflicht bei den zuständigen Pflanzenschutzdiensten. Anhand von Listen der gemeldeten Betriebe wird überprüft, ob das Anzeigeverfahren durchgeführt wurde. Für die Kontrollen können auch Nachfragen bei Gewerbeaufsichtsämtern und Handelskammern oder Recherchen im Branchenbuch stattfinden.

Bei der Kontrolle von landwirtschaftlichen Betrieben wurde unter anderem überprüft, ob Pflanzenschutzmittel für oder von Nachbarn oder Dritten ausgebracht werden. Die in Tab. 18 genannte Anzahl der Kontrollen (592 Betriebe) berücksichtigt nur Betriebe, die tatsächlich Pflanzenschutzmaßnahmen in Dienstleistung für Dritte vornehmen.

Bei 592 Kontrollen ergaben sich 37 Beanstandungen, das entspricht einer Quote von 6,3 % (2008: 6,8 %). Es wurden Bußgelder bis zu 100 € verhängt. Ein Teil der Beanstandungen ist auch darauf zurückzuführen, dass sich aus gelegentlicher (nicht meldepflichtiger) Nachbarschaftshilfe zwischen Landwirten bzw. landwirtschaftlichen Betrieben eine regelmäßige und damit anzeigepflichtige Dienstleistung entwickelt. Vielen Betriebsleitern war nicht bekannt, dass diese Dienstleistung einer Anzeigepflicht gemäß Pflanzenschutzgesetz unterliegt.

Tab. 18 Kontrollen zur Einhaltung der Anzeigepflicht (z. B. Lohnunternehmer, Unternehmen des Garten- und Landschaftsbaus) im Jahr 2009

	Kontrollen (Anzahl)	Beanstandungen (Anzahl, prozentual)
Anzahl Kontrollen	592	37 (6,3 %)

6.2.3 Anwendungskontrollen auf sonstigen Freilandflächen, die nicht landwirtschaftlich, forstwirtschaftlich oder gärtnerisch genutzt werden

6.2.3.1 Bundesweiter Kontrollschwerpunkt: Anwendung von Pflanzenschutzmitteln auf nicht landwirtschaftlich, forstwirtschaftlich oder gärtnerisch genutzten Freilandflächen

In dem bundesweiten Schwerpunkt seit dem Jahr 2008 werden Kontrollen des Inverkehrbringens und der Anwendung von Pflanzenschutzmitteln auf Freilandflächen (Nichtkulturland), die nicht landwirtschaftlich, forstwirtschaftlich oder gärtnerisch genutzt werden, durchgeführt. Kontrollen zur Anwendung von Pflanzenschutzmitteln auf diesen Flächen wurden bereits vorher regelmäßig von den Pflanzenschutzdiensten durchgeführt. Mit der Festlegung als bundesweiter Schwerpunkt soll zum einen die Information an den Handel und die Anwender verstärkt, zum anderen im Jahresbericht detaillierter über die Kontrollen berichtet werden. Die Ergebnisse der Kontrollen im Handel sind in Kapitel 6.1.2 aufgeführt. Nachfolgend werden die Kontrollen zur Anwendung von Pflanzenschutzmitteln auf Nichtkulturlandflächen berichtet.

Die Pflanzenschutzdienste kontrollieren, ob eine unerlaubte Anwendung von Pflanzenschutzmitteln auf Nichtkulturlandflächen stattgefunden hat. Bei den Kontrollen werden fünf Kategorien von Flächen unterschieden:

1. Privatbahnen, Straßenbahnen, Hafen- oder Industriebahnen, die nicht zur Deutschen Bahn AG gehören (Genehmigungen für Pflanzenschutzanwendungen auf Gleisanlagen der Deutschen Bahn AG werden vom Eisenbahnbundesamt erteilt),
2. Industrie- und Gewerbeflächen wie Parkplätze, Hof- und Pflasterflächen, Wege und Plätze,
3. Wege und Plätze in Wohnanlagen, Bürgersteige, Verkehrsinseln, befestigte Flächen auf Privatgrundstücken,
4. Nichtkulturlandflächen von Gärtnereien oder landwirtschaftlichen Betrieben, die nicht zur Produktionsfläche gehören,
5. An landwirtschaftliche Flächen angrenzende Feldraine oder Böschungen, nicht landwirtschaftlich genutzte Wege und Wegränder.

Bei der Art der Kontrollen wird Folgendes unterschieden:

a. Kontrolle von Nichtkulturlandflächen, für die eine Genehmigung (nach § 6 Abs. 3 PflSchG) zur Anwendung von Pflanzenschutzmitteln ausgesprochen wurde. Es wird kontrolliert, ob die Vorgaben aus dem Genehmigungsbescheid eingehalten wurden.
b. Kontrolle von Nichtkulturlandflächen, für die eine Genehmigung zur Anwendung von Pflanzenschutzmitteln abgelehnt wurde. Es wird überprüft, ob das Verbot eingehalten wurde.
c. Kontrolle von Nichtkulturlandflächen, die aufgrund einer Zufallsauswahl aufgesucht wurden.
d. Kontrolle von Nichtkulturlandflächen, die aufgrund eines Verdachts oder eines Hinweises überprüft werden.

Tab. 19 Kontrollen zur Anwendung von Pflanzenschutzmitteln auf nicht landwirtschaftlich, forstwirtschaftlich oder gärtnerisch genutzten Freilandflächen einschließlich der Kontrolle von erteilten Ausnahmegenehmigungen im Jahr 2009

	Kontrollen (Anzahl)	Beanstandungen (Anzahl, prozentual)
Einhaltung erteilter/abgelehnter Ausnahmegenehmigungen		
Anzahl kontrollierter Ausnahmegenehmigungen (einschließlich Probenahme), Summe	268	21 (7,8 %)
Kontrollen auf nicht beantragten Flächen (z. B. nach Anzeigen oder bei Verdacht auf Pflanzenschutzmittelanwendung)		
Anzahl kontrollierter Flächen, Summe	849	341 (40,2 %)

Ergebnisse

Im Jahr 2009 wurden insgesamt 965 Betriebe bzw. Firmen kontrolliert und 563 Anwender überprüft. Bei der nachfolgenden Berichterstattung wird unterschieden, ob für eine Fläche eine Ausnahmegenehmigung beantragt wurde oder nicht.

Aus Tab. 19 ist ersichtlich, dass die Einhaltung von 268 erteilten bzw. abgelehnten Ausnahmegenehmigungen überprüft wurde. Da ein Antrag mehrere Flächen umfassen kann, ist die Anzahl der kontrollierten Flächen höher als die Zahl der Ausnahmegenehmigungen. Bei den Inspektionen auf genehmigten Flächen wird z. B. kontrolliert, ob nur Wirkstoffe eingesetzt wurden, die für das Nichtkulturland zugelassen sind.

Auch wird geprüft, ob nur die beantragten Flächen behandelt wurden und ob Anwendungsbestimmungen und Auflagen eingehalten wurden. Auf insgesamt 21 Flächen wurden Verstöße festgestellt. Die Beanstandungsquote von 7,8 % ist geringfügig gestiegen im Vergleich zu den Ergebnissen aus dem Jahr 2008 (7,6 %). Die Nichteinhaltung von Auflagen bei erteilten bzw. abgelehnten Ausnahmegenehmigungen führte zu Bußgeldern bis zu 750 €.

Weiterhin wurden 849 Flächen kontrolliert, für die keine Genehmigungen beantragt waren. In 40,2 % der Fälle wurden Verstöße festgestellt. Da es sich hierbei hauptsächlich um Anlasskontrollen handelt, ist ein direkter Vergleich mit den Kontrollergebnissen aus dem Jahr 2008 (33,8 %) wenig aussagekräftig. Für die illegale Anwendung von Pflanzenschutzmitteln auf nicht beantragten Flächen wurden Bußgelder bis zu 3.050 € erteilt.

Um Ursachen für Verstöße erkennen zu können, wurde für einen Teil der Kontrollen von den Ländern detailliert berichtet, in welche Kategorie die kontrollierten Flächen fallen, welche Beanstandungen vorlagen und welche Maßnahmen daraufhin ergriffen wurden. Für Flächen, für die ein Genehmigungsantrag gestellt wurde und für Flächen ohne Antrag liegen Detailinformationen vor (siehe Tab. 20).

Von den in Tab. 20 enthaltenen 1.246 Nichtkulturlandflächen entfallen 469 Kontrollen (ca. 40 %) auf Flächen, für die ein Antrag auf Ausnahmegenehmigungen gestellt wurde. 60 % der Kontrollen entfallen auf Flächen, auf denen Pflanzenschutzmittel nicht angewendet werden dürfen. Etwas mehr als die Hälfte der Kontrollen (424) fand auf Flächen statt, auf denen illegale Pflanzenschutzmittelanwendungen denkbar sind, die jedoch nach dem Zufallsprinzip ausgewählt wurden.

Tab. 20 Schwerpunkt zur Anwendung von Pflanzenschutzmitteln auf Nichtkulturlandflächen: Detaillierte Übersicht über die Anzahl von Kontrollen und Beanstandungen im Jahr 2009

	Anzahl Kontrollen/Beanstandungen (%) auf			
	Flächen mit Antrag:		Flächen ohne Antrag	
	genehmigte Flächen (a)	abgelehnte Flächen (b)	syst. Kontrollen (c)	Anlasskontrollen (d)
Privatbahnen, Straßenbahnen, Hafen- oder Industriebahnen (1)	73 / 4 (6 %)	1 / 0 (–)	4 / 1 (*)	3 / 2 (*)
Industrie- und Gewerbeflächen Parkplätze, Pflasterflächen (2)	104 / 16 (15 %)	5 / 0 (–)	119 / 19 (16 %)	56 / 21 (38 %)
Wege und Plätze in Wohnanlagen, Bürgersteige, Verkehrsinseln, befestigte Flächen auf Privatgrundstücken (3)	162 / 13 (8 %)	3 / 1 (*)	80 / 28 (35 %)	161 / 91 (57 %)
Nichtkulturlandflächen von Gärtnereien oder landwirtschaftlichen Betrieben (4)	53 / 0 (–)	0 / 0 (–)	123 / 3 (2 %)	15 / 13 (*)
An landwirtschaftliche Flächen angrenzende Feldraine oder Böschungen, nicht landwirtschaftlich genutzte Wege und Wegränder (5)	68 / 0 (–)	0 / 0 (–)	98 / 7 (7 %)	118 / 92 (78 %)
Summe	**460 / 33 (7 %)**	**9 / 1 (*)**	**424 / 58 (14 %)**	**353 / 219 (62 %)**

* Aufgrund der geringen Anzahl untersuchter Flächen ist eine prozentuale Berechnung nicht sinnvoll (Auswahl nicht repräsentativ)

Die anderen Kontrollen (353) fanden aufgrund von konkreten Verdachtsfällen statt.

In Tab. 20 ist aufgeführt, wie viele Flächen bei den Kontrollen beanstandet wurden. Bei der Pflanzenschutzmittelanwendung auf genehmigten Flächen wurden auf 33 Flächen (7 %) Mängel festgestellt (teilweise mehrere). In drei Fällen waren die Anwender nicht sachkundig, sechs Mal wurde ein anderer Wirkstoff angewendet als genehmigt und in zwei Fällen wurden Anwendungsbestimmungen bzw. die Grundsätze der guten fachlichen Praxis nicht eingehalten. Weitere 23 Beanstandungen setzen sich folgendermaßen zusammen:

- 16 × Mitbehandlung ausgenommener Teilflächen bzw. nicht genehmigter Flächen,
- 3 × Verwendung eines anderen Pflanzenschutzmittels als genehmigt (allerdings mit dem gleichen Wirkstoff),
- 1 × Anwendung auf abschwemmungsgefährdeten Flächen,
- 1 × Überschreitung der genehmigten Behandlungsbreite,
- 2 × Auflagen gemäß Genehmigungsbescheid nicht eingehalten,
- 1 × eine Rückenspritze eingesetzt statt des Rotofix-Geräts.

Bei den Flächen, für die kein Antrag gestellt wurde, waren die Beanstandungsquoten höher. Bei zufällig ausgewählten Flächen (Systematische Kontrollen) lag die Beanstandungsrate bei 14 %. Bei den Anlasskontrollen waren Verstöße gegen das Pflanzenschutzgesetz zu erwarten, da hier gezielt aufgrund von Hinweisen ermittelt wurde. Daher überrascht die Beanstandungsquote von 62 % nicht.

Als Folge von illegalen Anwendungen und anderen Verstößen wurden von den Behörden 158 Bußgeldverfahren eingeleitet. 114 Personen wurden verwarnt. In 31 Fällen waren die Verursacher nicht feststellbar. 17 Personen wurden aufgefordert, eine Sachkundeprüfung abzulegen. In einem Fall wurde eine Aufforderung zur Teilnahme an einer Fortbildung ausgesprochen, in einem Fall wurde ein Verwarngeld erteilt und einmal konnte anhand des Analysenbefundes keine aktuelle Pflanzenschutzmittelanwendung, aber eine Anwendung im Vorjahr nachgewiesen werden.

Die Kontrollen geben Hinweise, dass das Anwendungsverbot von Pflanzenschutzmitteln auf nicht landwirtschaftlich, forstwirtschaftlich oder gärtnerisch genutzten Freilandflächen nicht genügend beachtet wird. Es treten mehrere Arten von Verstößen auf:

- Die meisten Verstöße wurden von Privatpersonen begangen, die ihre Terrassen, Garagenauffahrten oder Bürgersteige vom Aufwuchs freihalten wollen. Dies geschieht oft aus Unwissenheit über das Anwendungsverbot von Pflanzenschutzmitteln auf Nichtkulturlandflächen, teilweise auch bewusst. In einigen Fällen wurden auch von kommunalen Mitarbeitern illegale Pflanzenschutzanwendungen durchgeführt, obwohl diese teilweise auch sachkundig waren. Von Landwirten, die in der Regel sachkundig sind, wurden in einigen Fällen Pflanzenschutzmittel illegal angewendet auf: Hofflächen, Abstellplätzen, Auffahrten und anderen Betriebsflächen, auf Feldrainen oder Böschungen, die an landwirtschaftliche Flächen angrenzen oder auf Wegen und Wegrändern.
- Einigen Dienstleistern ist nicht bekannt, dass Personen, die gewerbsmäßig Pflanzenschutzmittel auf Flächen von Dritten anwenden, ihre Tätigkeit beim zuständigen Pflanzenschutzdienst anzeigen müssen (§ 9 PflSchG). Für diese Tätigkeiten muss der Anwender sachkundig sein. Bei Verstößen, die auf Industrie- und Gewerbeflächen, aber auch im Wohnbereich (Parkplätze, Hof- und Pflasterflächen, Wege und Plätze) festgestellt wurden, fehlte bei der Mehrzahl der beauftragten Dienstleister die notwendige Sachkunde gemäß Sachkunde-Verordnung.

Tab. 21 Kontrollen der im Gebrauch befindlichen Pflanzenschutzgeräte bei der Anwendung von Pflanzenschutzmitteln auf nicht landwirtschaftlich, forstwirtschaftlich oder gärtnerisch genutzten Freilandflächen im Jahr 2009

	Kontrollen (Anzahl)	Beanstandungen (Anzahl, prozentual)
Anzahl kontrollierter Geräte während der Anwendung oder im Betrieb, Summe	223	4 (1,8 %)
davon systematische Kontrollen	162	2 (1,2 %)
davon Anlasskontrollen	61	2 (3,3 %)

6.2.3.2 Pflanzenschutzgeräte im Gebrauch

Die Anwendung von Pflanzenschutzmitteln auf nicht landwirtschaftlich, forstwirtschaftlich oder gärtnerisch genutzten Freilandflächen erfolgt häufig mittels tragbarer Geräte, die keiner Prüfpflicht unterliegen.

In Tab. 21 sind die Ergebnisse der 223 Kontrollen aufgeführt. Die Beanstandungsquote lag bei rund 1,8 % (2008: 5,1 %). Es wurden Bußgelder bis zu einer Höhe von 160 € erteilt.

6.2.3.3 Sachkunde des Anwenders

Die Regelungen zur Sachkunde des Anwenders, wie sie in Kapitel 6.2.2.2 beschrieben sind, gelten auch für gewerbliche Anwendungen für Dritte und werden auch im Rahmen der Erteilung von Nichtkulturland-Ausnahmegenehmigungen gemäß § 6 Abs. 3 PflSchG berücksichtigt. Auf nicht landwirtschaftlich, forstwirtschaftlich oder gärtnerisch genutzten Freilandflächen erfolgten auch dazu Kontrollen.

Bei der Überprüfung von 570 Anwendern wurden 37 Personen (6,5 %) ohne die erforderliche Sachkunde im Umgang mit Pflanzenschutzmitteln festgestellt (Tab. 22). Die Beanstandungsquote liegt über der des Vorjahres (2008: 5,3 %). Es wurden Bußgelder bis zu einer Höhe von 200 € erteilt.

Detaillierte Informationen zu Beanstandungen und Maßnahmen der Behörden sind in Kapitel 6.2.3.1 unter Beschreibung des Schwerpunkts zur Anwendung von Pflanzenschutzmitteln auf Freilandflächen, die nicht landwirtschaftlich, forstwirtschaftlich oder gärtnerisch genutzt werden, aufgeführt.

Tab. 22 Kontrollen zu erforderlichen fachlichen Kenntnissen (Sachkunde) der Pflanzenschutzmittelanwender bei der Anwendung von Pflanzenschutzmitteln auf nicht landwirtschaftlich, forstwirtschaftlich oder gärtnerisch genutzten Freilandflächen im Jahr 2009

	Kontrollen (Anzahl)	Beanstandungen (Anzahl, prozentual)
Anzahl kontrollierter Anwender, Summe	570	37 (6,5 %)
davon systematische Kontrollen	377	8 (2,1 %)
davon Anlasskontrollen	193	29 (15,0 %)

6.2.3.4 Anzeigepflicht von gewerblichen Pflanzenschutzmittelanwendern und -beratern

Die Anwendung von Pflanzenschutzmitteln auf nicht landwirtschaftlich, forstwirtschaftlich oder gärtnerisch genutzten Freilandflächen kann auch durch Lohnunternehmer erfolgen; dies betrifft z. B. Gleisanlagen oder städtische und gewerbliche Flächen. Im Siedlungsbereich gehören dazu auch Hausmeisterdienste. Gemäß § 9 PflSchG unterliegen Gewerbetreibende, die für Dritte Pflanzenschutzmittel anwenden oder andere über die Anwendung beraten, einer Anzeigepflicht bei den zuständigen Pflanzenschutzdiensten.

In Tab. 23 sind die Ergebnisse dargestellt. Bei 251 Kontrollen ergaben sich 20 Verstöße, das entspricht einer Beanstandungsquote von 8 % (2008: 11,8 %). Es wurden Bußgelder bis zu einer Höhe von 50 € erhoben.

Tab. 23 Kontrollen zur Einhaltung der Anzeigepflicht (Dienstleister) bei der Anwendung von Pflanzenschutzmitteln auf nicht landwirtschaftlich, forstwirtschaftlich oder gärtnerisch genutzten Freilandflächen im Jahr 2009

	Kontrollen (Anzahl)	Beanstandungen (Anzahl, prozentual)
Anzahl Kontrollen, Summe	251	20 (8,0 %)

6.3 Einhaltung der Vorschriften der Verordnung über das Inverkehrbringen und die Aussaat von mit bestimmten Pflanzenschutzmitteln behandeltem Maissaatgut (MaisPflSchMV)

Aufgrund einer hohen Anzahl festgestellter Bienenschadensfälle im Jahr 2008 wurden seit 2008 strenge Verbote und Beschränkungen für die Verwendung von Mais-Saatgutbehandlungsmitteln eingeführt. Im Frühjahr 2008 war es zu einem massiven Bienensterben in einigen Regionen Süddeutschlands gekommen, welches durch die Aussaat von mit Clothianidin behandeltem Maissaatgut verursacht wurde (siehe Jahresbericht Pflanzenschutz-Kontrollprogramm 2008, Kapitel 6.2.2.4). Damals wurden etwa 11.500 Bienenvölker von ca. 700 Imkern teilweise erheblich geschädigt.

Das Clothianidin stammte von behandeltem Maissaatgut, bei dem der Wirkstoff nicht ausreichend an den Körnern haftete, so dass es wegen dieser geminderten Beizqualität zu einem starken Abrieb kam. Bei Aussaat mit pneumatischen Sägeräten mit Saugluftsystemen, die aufgrund ihrer Konstruktion den Abriebstaub in die Luft abgeben, konnte der Abriebstaub auf blühende Pflanzen gelangen.

In der Folge ordnete das BVL aus Vorsorgegründen im Mai 2008 das Ruhen der Zulassung für Saatgutbehandlungsmittel für Mais- bzw. Rapssaatgut an, die Methiocarb oder die Neonicotinoide Clothianidin, Imidacloprid und Thiamethoxam enthalten. Das Ruhen der Zulassungen für die Behandlung von Raps konnte im Juni 2008 verbunden mit einem Aussaatmonitoring wieder aufgehoben werden.

Das Bundesministerium für Ernährung, Landwirtschaft und Verbraucherschutz (BMELV) erließ im Mai 2008 darüber hinaus eine Verordnung für vorerst 6 Monate, über die die Aussaat von Maissaatgut mit bestimmten Geräten verboten wurde.

Mit der Verordnung über das Inverkehrbringen und die Aussaat von mit bestimmten Pflanzenschutzmitteln behandeltem Saatgut vom 11. Februar 2009 (Mais-Pflanzenschutzmittelverordnung), die durch die Verordnung vom 29. Juli 2009 geändert und deren Geltung über den 12. August 2009 hinaus verlängert worden ist, wurde ein vollständiges Verbot der Einfuhr und des Inverkehrbringens sowie der Aussaat von Maissaatgut verfügt, welches mit Clothianidin, Imidacloprid und Thiamethoxam behandelt wurde. Darüber hinaus enthält die Verordnung strenge Vorgaben zur Beizung von Mais mit Methiocarb sowie zur Beizqualität und Aussaattechnik von methiocarbhaltigem Maissaatgut.

Die Beachtung der Vorschriften der Mais-Pflanzenschutzmittelverordnung wurde in 2009 in den Bundesländern durch Kontrollen in Betrieben des Saatguthandels, in Beizbetrieben und Maisanbaubetrieben intensiv überwacht. Bei den insgesamt 837 kontrollierten Betrieben (Tab. 24 und Tab. 25) handelte es sich um 686 Maisanbaubetriebe, 143 Saatguthandelsbetriebe und acht Beizbetriebe, in denen die Saatgutbehandlungen durchgeführt wurden.

Die Ergebnisse der Kontrollen des Saatguthandels und der Beizstellen sind in Tab. 24 dargestellt.

In den kontrollierten Beizbetrieben wurden unter anderem die Verwendung zulässiger Beizmittel anhand von 97 beurteilten Saatgutproben, der Einsatz der gemäß Pflanzenschutzmittelzulassung zulässigen Beizgeräte sowie die Beachtung der Vorschriften zur Begrenzung des Staubabriebs von Methiocarb auf maximal 0,75 Gramm je 100.000 Korn (§ 2 Abs. 1 in Verbindung mit Anlage 3 der Verordnung) überprüft. Bei diesen Kontrollen ergaben sich keine Beanstandungen.

Bei den Kontrollen der 143 Betriebe des Saatguthandels wurde bei 2,8 % der 178 Saatgutproben beanstandet, dass eingeführtes oder in den Verkehr gebrachtes Saatgut mit Clothianidin, Imidacloprid oder Thiamethoxam gebeizt worden war oder dass dem Saatgut diese Wirkstoffe anhafteten. Eine höhere Beanstandungsquote von 14,8 % ergab sich bei den 27 Saatgutproben, die chemisch auf Pflanzenschutzmittelgehalte kontrolliert wurden. In vier der fünf Fälle betrafen die Beanstandungen allerdings Nachweise nicht zulässiger Wirkstoffe weit unterhalb anwendungsrelevanter Konzentrationen.

Diese gemäß Verordnung ebenfalls unzulässigen Wirkstoffanhaftungen lassen sich zum Beispiel durch Verfahrens-

	Beizstellen		Handelsbetriebe	
	Kontrollen (Anzahl)	Beanstandungen (Anzahl, prozentual)	Kontrollen (Anzahl)	Beanstandungen (Anzahl, prozentual)
Gesamt (Betriebe)	8		143	
Saatgut-Verkehrsfähigkeit	97	0	178	5 (2,8 %)
davon Saatgutanalysen	76	0	27	4 (14,8 %)
Staubabriebprüfung	61	0	27	0

Tab. 24 Kontrollen zur Einhaltung der Mais-Pflanzenschutzmittelverordnung in Betrieben des Saatguthandels und in Beizstellen

mängel im Beizverfahren erklären. Maisbeizungen von in Deutschland verwendetem Saatgut werden zu einem erheblichen Teil in anderen EU-Ländern durchgeführt, in denen es keine vergleichbaren Wirkstoffverbote wie in Deutschland gibt. In mehreren Fällen wurde eine unzureichende Reinigung von Beizanlagen in anderen EU-Ländern als Ursache der festgestellten unzulässigen Anhaftungen vermutet. Diese Feststellung verweist auf die Notwendigkeit entsprechender Sensibilisierungsmaßnahmen in Unternehmen der Saatgutaufbereitung und –behandlung.

In einem Fall wurde zu importierendes Saatgut bereits aufgrund der sich aus den Transportdokumenten ergebenden unzulässigen Beizung beanstandet und die Einfuhr verweigert.

Bei den 27 Kontrollen im Saatguthandel zur Beachtung der Vorschriften zur Begrenzung des Staubabriebs bei mit Methiocarb gebeiztem Saatgut ergaben sich ebenso wie bei den Prüfungen unmittelbar in den Beizbetrieben keine Beanstandungen.

Die Ergebnisse der 686 Kontrollen des Jahres 2009 in den Maisanbaubetrieben sind in Tab. 25 dargestellt.

Wie aus Tab. 25 ersichtlich ist, wurde fast ausnahmslos Saatgut verwendet, welches mit Pflanzenschutzmitteln mit zulässigen Wirkstoffen behandelt worden war. Bei 1,6 % der Überwachungen wurden jedoch Beanstandungen aufgrund der Nachweise unzulässiger Wirkstoffe gemäß MaisPflSchMV ausgesprochen. Diese Beanstandungsquote von 1,6 % ergab sich sowohl auf der Grundlage aller Kontrollen unter Einschluss der Saatgutlieferbelege (n = 561) als auch auf der Grundlage der 370 chemisch analysierten Saatgutproben, von denen sechs Proben beanstandet wurden. In vier von sechs dieser aufgrund der chemischen Analysen beanstandeten Proben wurden die vollständig verbotenen Wirkstoffe in anwendungsrelevanter Konzentration festgestellt, während zwei Proben lediglich geringe Anhaftungskonzentrationen aufwiesen, die wiederum auf unzureichende Reinigung von Beizeinrichtungen hindeuteten.

Das vollständige Verbot der Aussaat von Mais, der mit Pflanzenschutzmitteln mit den Wirkstoffen Clothianidin, Imidacloprid und Thiamethoxam behandelt wurde, wurde somit insgesamt weitgehend beachtet.

In 622 Kontrollen wurde im Rahmen von Feld- und Betriebsüberwachungen geprüft, ob die Vorschriften aus § 3 Abs. 3 der Verordnung beachtet wurden, wonach mit Methiocarb behandeltes Saatgut mit pneumatischen Geräten zur Einzelkornablage nur unter der Voraussetzung ausgesät werden darf, dass das verwendete Gerät mit einer Vorrichtung ausgestattet ist, die die erzeugte Abluft bei einer Abdriftminderung von mindestens 90 % auf oder in den Boden leitet.

Obwohl entsprechende Umrüstsätze zur Abdriftminderung für pneumatische Sägeräte im Frühjahr 2009 nur eingeschränkt verfügbar waren, wurden lediglich 2,6 % der überprüften Geräte beanstandet. Der weitaus größte Teil der Maisanbauer hat somit die für Sägeräte geltenden Anforderungen der Verordnung beachtet.

	Maisanbaubetriebe	
	Kontrollen (Anzahl)	Beanstandungen (Anzahl, prozentual)
Gesamt (Betriebe)	686	
Zulässigkeit der Wirkstoffe im ausgesäten Saatgut	561	9 (1,6 %)
davon Saatgutanalysen	370	6 (1,6 %)
davon Beanstandungen in anwendungsrelevanter Konzentration		4 (1,1 %)
davon Beanstandungen in Anhaftungskonzentration		2 (0,6 %)
Verwendung zulässiger Sägeräte für die Aussaat von mit Methiocarb gebeiztem Saatgut	622	16 (2,6 %)

Tab. 25 Kontrollen zur Einhaltung der Mais-Pflanzenschutzmittelverordnung in Maisanbaubetrieben

Eine Häufung von Bienenschadensfällen aufgrund der Maisbeizung trat in 2009 im Gegensatz zum Jahr 2008 nicht auf. Es wurde ein Verstoß gegen die Mais-Pflanzenschutzmittelverordnung festgestellt: Die Abdrift von Clothianidin während der Aussaat von Mais auf blühende Pflanzen verursachte nachweislich zwei Bienenschadensfälle mit insgesamt 21 geschädigten Bienenvölkern.

Insgesamt machen die Überwachungsdaten deutlich, dass die Mais-Pflanzenschutzmittelverordnung ungeachtet der kurzfristigen Inkraftsetzung von den betroffenen Wirtschaftskreisen weitgehend beachtet wurde.

6.4 Kontrolle von Pflanzenschutzgeräten

6.4.1 Inverkehrbringen von Pflanzenschutzgeräten

Hersteller, Vertriebsunternehmen oder diejenigen, die Pflanzenschutzgeräte erstmalig zu gewerblichen Zwecken einführen wollen, werden daraufhin kontrolliert, ob die Geräte den gesetzlichen Anforderungen entsprechen. Nach § 24 PflSchG müssen Pflanzenschutzgeräte so beschaffen sein, dass ihre Verwendung beim Ausbringen von Pflanzenschutzmitteln keine schädlichen Auswirkungen auf die Gesundheit von Mensch und Tier, auf das Grundwasser oder auf den Naturhaushalt hat, die nach dem Stande der Technik vermeidbar sind. Daher werden Pflanzenschutzgeräte vom Julius Kühn-Institut (JKI) geprüft und bei Erfüllung der Voraussetzungen in eine Pflanzenschutzgeräteliste eingetragen. Bei den Kontrollen wird geprüft, ob nur Geräte importiert und verkauft werden, für die beim JKI ein so genanntes Erklärungsverfahren gemäß § 25 PflSchG durchgeführt wurde. Die Kontrolldurchführung erfolgt insbesondere auf Ausstellungen bzw. Messen, da es speziell um Anforderungen beim erstmaligen Inverkehrbringen von Pflanzenschutzgeräten geht.

In 117 Betrieben wurden Kontrollen durchgeführt und 3 Betriebe (2,6 %) beanstandet (Tab. 26).

6.4.2 Überprüfung von im Gebrauch befindlichen Pflanzenschutzgeräten

Die Funktionstüchtigkeit von Pflanzenschutzgeräten wird in den Ländern von amtlich anerkannten oder amtlichen Kontrollstellen überprüft. Diese Überprüfung muss alle vier Kalenderhalbjahre wiederholt werden; die erfolgreiche Prüfung wird durch eine Plakette und einen Kontrollbericht dokumentiert. Die Ergebnisse werden im Julius Kühn-Institut (Institut für Anwendungstechnik, Braunschweig) gesammelt und sind in diesem Jahresbericht aufgeführt, da sie die Anwendung von Pflanzenschutzmitteln betreffen. Die Überprüfungen im Jahr 2009 geben Auskunft über die Größenordnung der in Verwendung befindlichen Geräte: Die im Jahr 2009 geprüften 55.537 Feldspritzgeräte stellen einen Anteil von rund 43 % des Gesamtbestandes dar; die im Jahr 2009 geprüften 16.624 Sprühgeräte für Raumkulturen nehmen einen Anteil von rund 40 % des Gesamtbestandes ein. Tab. 27 zeigt, dass nach der Überprüfung

Tab. 26 Kontrollen zum Inverkehrbringen und der Einfuhr von Pflanzenschutzgeräten im Jahr 2009

	Kontrollen (Anzahl)	Beanstandungen (Anzahl, prozentual)
Anzahl kontrollierter Betriebe, Summe	117	3 (2,6 %)
davon systematische Kontrollen	114	1 (0,9 %)
davon Anlasskontrollen	3	2 (*)

* Aufgrund der geringen Anzahl kontrollierter Betriebe ist eine prozentuale Berechnung nicht sinnvoll (Auswahl nicht repräsentativ)

Tab. 27 Geräteüberprüfungen in amtlich anerkannten oder amtlichen Kontrollstellen (Anzahl gemäß vorliegender Prüfprotokolle) im Jahr 2009. (Quelle: Julius Kühn-Institut, Institut für Anwendungstechnik, Braunschweig)

	Überprüfungen (Anzahl)	nicht erteilte Plakette prozentual
Anzahl überprüfter Geräte, Summe	72.161	
davon geprüfte Feldspritzgeräte	55.537	0,3 %
davon geprüfte Spritz- und Sprühgeräte für Raumkulturen	16.624	1,9 %

99,7 % der Feldspritzgeräte bzw. 98,1 % der Spritz- und Sprühgeräte für Raumkulturen in Ordnung waren. Kleinere festgestellte Mängel wurden vor der Plakettenerteilung beseitigt.

- Die meisten Mängel treten an folgenden Geräteteilen auf: bei Spritz- und Sprühgeräten für Flächenkulturen an Leitungssystemen, Düsen sowie den Querverteilungen,
- bei Sprühgeräten für Raumkulturen an Armaturen und Leitungssystemen.

Nähere Informationen über die Gerätekontrolle sind im Internet des Julius Kühn-Instituts erhältlich unter: http://www.jki.bund.de, Suche unter den Stichworten: Anzahl kontrollierter Feldspritzgeräte 2009.

6.4.3 Überprüfung der Kontrollstellen

Die Kontrollstellen, die die Geräteprüfungen durchführen, werden durch die Pflanzenschutzdienste regelmäßig überwacht. Im Jahr 2009 wurden 406 Inspektionen in den Kontrollstellen durchgeführt und in 31 Fällen (7,6 %) Verstöße festgestellt. Es wurde z. B. bemängelt, dass die Geräteprüfung in den Kontrollstellen teilweise nicht gemäß den Vorgaben der Richtlinie der Biologischen Bundesanstalt für Land- und Forstwirtschaft durchgeführt wird.

7 Erläuterungen zu den Fachbegriffen

Anlasskontrollen
Anlasskontrollen dienen zur Aufklärung von offensichtlichen oder vermuteten Verstößen gegen das Pflanzenschutzrecht, die durch Anzeigen, Verdachtsmomente oder Auffälligkeiten bekannt werden.

Anwendungsbestimmungen
Vom Bundesamt für Verbraucherschutz und Lebensmittelsicherheit mit der Zulassung festgesetzte Vorschriften zum Schutz der Gesundheit von Mensch und Tier und zum Schutz vor sonstigen schädlichen Auswirkungen, insbesondere auf den Naturhaushalt.

Anwendungsgebiet
Der Zweck, für den die Anwendung des Pflanzenschutzmittels zugelassen bzw. genehmigt ist; in der Regel die Kombination aus der Kulturpflanze oder dem Pflanzenerzeugnis und dem Schadorganismus, gegen den die Pflanze / das Pflanzenerzeugnis geschützt wird.

Beistoffe
Beistoffe oder Formulierungshilfsstoffe sind Stoffe oder Zubereitungen, die neben den technischen Wirkstoffen im Pflanzenschutzmittel enthalten sind und dem Produkt die für die Anwendung erforderlichen Eigenschaften verleihen. Der Einsatz von Beistoffen stellt die erforderliche Verteilung der Wirkstoffe in der Spritzlösung, die Lagerstabilität, die Handhabung und die Ausbringung des Pflanzenschutzmittels sicher und sorgt für die Sicherheit des Anwenders. Beistoffe können aus mehreren Komponenten (Beistoffsubstanzen) bestehen. Beispiele für Beistoffe: Lösemittel, Emulgatoren, Haftmittel, Stabilisatoren, Schaumverminderer.

Freilandflächen, die nicht landwirtschaftlich, forstwirtschaftlich oder gärtnerisch genutzt werden
Zu solchen Freilandflächen zählen z. B.:
- angrenzende Feldraine, Böschungen, nicht bewirtschaftete Flächen und Wege einschließlich der Wegränder
- Verkehrsflächen jeglicher Art wie Gleisanlagen, Straßen-, Wege-, Hof- und Betriebsflächen sowie sonstige durch Tiefbau veränderte Areale.

Gute fachliche Praxis
Nach dem PflSchG ist bei der Anwendung von Pflanzenschutzmitteln nach guter fachlicher Praxis zu verfahren. Die aktuelle Fassung der Grundsätze zur Durchführung der guten fachlichen Praxis im Pflanzenschutz wurde im Bundesanzeiger Nr. 76a vom 21. Mai 2010 bekannt gemacht.

Inverkehrbringen
Das Anbieten, Vorrätighalten zur Abgabe, Feilhalten und jedes entgeltliche oder unentgeltliche Abgeben von Pflanzenschutzmitteln an andere.

Kontrollschwerpunkt
Die Schwerpunkte im Pflanzenschutz-Kontrollprogramm werden jährlich neu festgelegt, um auf aktuelle Entwicklungen reagieren zu können. Folgende Informationen und Kriterien finden dabei Berücksichtigung:
- Hinweise über den Einsatz von Pflanzenschutzmitteln in nicht zugelassenen oder genehmigten Anwendungsgebieten aufgrund von Rückstandsfunden der Lebensmittelüberwachung,
- Hinweise über Verstöße aus den Kontrollen der Vorjahre,
- Kulturen mit intensivem Pflanzenschutzmitteleinsatz,
- Änderung der Zulassungssituation (Widerruf von Zulassungen),
- Grundwassermonitoring der Länder.

Parallelimporte
Aufgrund des unterschiedlichen Preisniveaus werden Pflanzenschutzmittel von Anwendern oder Handelsunternehmen häufig aus anderen Mitgliedstaaten der Europäischen Union oder des Europäischen Wirtschaftsraumes nach Deutschland importiert. Dies ist wegen der Freiheit des Warenverkehrs grundsätzlich möglich. Nach der Rechtsprechung des Europäischen Gerichtshofs bedürfen diese so genannten Parallelimporte keiner eigenen Zulassung, wenn sie in der Zusammensetzung mit einem in Deutschland zugelassenen Pflanzenschutzmittel übereinstimmen und einige weitere Voraussetzungen erfüllt sind. Im Handel dürfen Parallelimporte nur angeboten werden, wenn sie durch eine Verkehrsfähigkeitsbescheinigung des BVL anerkannt sind. Nachgeahmte Produkte, oft als Generika bezeichnet, die keine Zulassung in einem Mitgliedstaat der Europäischen Union besitzen, sind

keine Parallelimporte und dürfen ohne Zulassung nicht vermarktet werden.

Pflanzenschutzgerät
Geräte und Einrichtungen, die zum Ausbringen von Pflanzenschutzmitteln bestimmt sind, z. B. Traktor-Anbau-, -Aufbau-, und -Anhängegeräte sowie selbst fahrende Geräte, Karrenspritzen, tragbare Spritzen und Rückenspritzen.

Pflanzenschutzmittel
Stoffe, die dazu bestimmt sind,
- Pflanzen oder Pflanzenerzeugnisse vor Schadorganismen zu schützen,
- Pflanzen oder Pflanzenerzeugnisse vor Tieren, Pflanzen oder Mikroorganismen zu schützen, die nicht Schadorganismen sind,
- die Lebensvorgänge von Pflanzen zu beeinflussen, ohne ihrer Ernährung zu dienen (Wachstumsregler),
- das Keimen von Pflanzenerzeugnissen zu hemmen.

Ausgenommen sind Wasser, Düngemittel im Sinne des Düngemittelgesetzes und Pflanzenstärkungsmittel. Als Pflanzenschutzmittel gelten auch Stoffe, die dazu bestimmt sind, Pflanzen abzutöten oder das Wachstum von Pflanzen zu hemmen oder zu verhindern.

Pflanzenstärkungsmittel
Stoffe, die
- ausschließlich dazu bestimmt sind, die Widerstandsfähigkeit von Pflanzen gegen Schadorganismen zu erhöhen,
- dazu bestimmt sind, Pflanzen vor nichtparasitären Beeinträchtigungen zu schützen,
- für die Anwendung an abgeschnittenen Zierpflanzen außer Anbaumaterial bestimmt sind.

Sachkunde
Nach geltendem Recht dürfen Pflanzenschutzmittel nur von Personen angewandt werden, die die erforderliche Zuverlässigkeit und die erforderlichen fachlichen Kenntnisse besitzen. Analog muss jede Person, die im Einzel- und Versandhandel Pflanzenschutzmittel abgibt, die erforderliche Zuverlässigkeit und fachlichen Kenntnisse besitzen. Ein Nachweis kann erfolgen:
- durch die Vorlage eines Zeugnisses über eine bestandene Berufsabschluss-, Fortbildungs- oder Umschulungsprüfung oder über ein abgeschlossenes Hoch- oder Fachhochschulstudium in bestimmten Berufsgruppen,
- durch eine Prüfung nach der Pflanzenschutz-Sachkundeverordnung.
- Auf Antrag kann die zuständige Behörde auch den erfolgreichen Abschluss in einer anderen Aus-, Fort- oder Weiterbildung als Nachweis der erforderlichen fachlichen Kenntnisse und Fertigkeiten anerkennen, wenn die Vermittlung solcher Kenntnisse und Fertigkeiten Gegenstand der jeweiligen Aus-, Fort- oder Weiterbildung gewesen ist.

Im Haus- und Kleingartenbereich ist dieser Nachweis nicht erforderlich, allerdings hat der Gesetzgeber hier im Sinne des Verbraucherschutzes Vorsorge getroffen, indem er die für den Haus- und Kleingartenbereich erlaubten Mittel vorgibt sowie eine Beratung durch den Abgeber vorschreibt.

Systematische Kontrollen
Systematische Kontrollen sind vorab geplante und bezüglich des Kontrollumfangs festgelegte Überprüfungen. Der Kontrollumfang kann bei systematischen Kontrollen alle vor Ort prüfbaren Kontrolltatbestände umfassen oder auf bestimmte Tatbestände reduziert sein (Schwerpunktkontrollen). Die risikobasierten Schwerpunkte der Kontrollen können jährlich wechseln.

Verunreinigungen
Jeder Bestandteil außer dem reinen Wirkstoff und/oder der Wirkstoffvariante, der/die sich im technischen Material befindet (auch durch Herstellungsprozess oder den Abbau während der Lagerung entstanden).

Wirkstoffe von Pflanzenschutzmitteln
Chemische Elemente oder deren Verbindungen, wie sie natürlich vorkommen oder zu gewerblichen Zwecken hergestellt werden, einschließlich der Verunreinigungen, mit Wirkung auf Schadorganismen oder Pflanzen oder Pflanzenerzeugnisse; Mikroorganismen einschließlich Viren und ähnliche Organismen sowie ihre Bestandteile sind den chemischen Elementen gleichgestellt.

Zusatzstoffe
Stoffe, die dazu bestimmt sind, Pflanzenschutzmitteln zugesetzt zu werden, um ihre Eigenschaften oder Wirkungen zu verändern, ausgenommen Wasser und Düngemittel.

8 Zuständige Behörden für Verkehrs- und Anwendungskontrollen

Baden-Württemberg
Landwirtschaftliches Technologiezentrum Augustenberg (LTZ)
Außenstelle Stuttgart
Reinsburgstraße 107, 70197 Stuttgart
Tel.: 0721 9468-450, Fax: 0721 9468-451
E-Mail: poststelle-s@ltz.bwl.de
http://www.LTZ-Augustenberg.de

Regierungspräsidium Stuttgart
– Pflanzenschutzdienst –
Postfach 80 07 09, 70507 Stuttgart
Ruppmannstr. 21, 70565 Stuttgart
Tel.: 0711 904-0; Fax: 0711 904-13090
E-Mail: Abteilung3@rps.bwl.de

Regierungspräsidium Karlsruhe
– Pflanzenschutzdienst –
Schlossplatz 4–6, 76131 Karlsruhe
Tel.: 0721 926-0; Fax: 0721 926-5337
E-Mail: Abteilung3@rpk.bwl.de

Regierungspräsidium Freiburg
– Pflanzenschutzdienst –
Bertoldstraße 43, 79098 Freiburg/Breisgau
Tel.: 07 61 208-0; Fax: 0761 208-1268
E-Mail: Abteilung3@rpf.bwl.de

Regierungspräsidium Tübingen
– Pflanzenschutzdienst –
Postfach 26 66, 72016 Tübingen
Konrad-Adenauer-Straße 20, 72072 Tübingen
Tel.: 07071 757-0; Fax: 07071 757-31 90
E-Mail: Abteilung3@rpt.bwl.de

Bayern
Anwendungskontrolle:
Bayerische Landesanstalt für Landwirtschaft
– Institut für Pflanzenschutz –
Lange Point 10, 85354 Freising
Telefon: 08161 71-5213, Telefax: 08161 71-5198
E-Mail: Pflanzenschutz@LfL.bayern.de
http://www.LfL.bayern.de

Verkehrskontrolle:
Bayerische Landesanstalt für Landwirtschaft
– Verkehrs- und Betriebskontrollen –
Am Gereuth 8, 85354 Freising
Telefon: 08161 71-3137, Telefax: 08161 71-5227
E-Mail: IPZ@LfL.bayern.de

Berlin
Pflanzenschutzamt Berlin
Mohriner Allee 137, 12347 Berlin
Telefon: 030 700006-0, Telefax: 030 700006-255
E-Mail: pflanzenschutzamt@senstadt.berlin.de
http://www.stadtentwicklung.berlin.de/pflanzenschutz

Brandenburg
Landesamt für Ländliche Entwicklung, Landwirtschaft und Flurneuordnung
– Pflanzenschutzdienst –
Müllroser Chaussee 50, 15236 Frankfurt (Oder)
Hausanschrift: Am Halbleiterwerk 1, 15236 Frankfurt (Oder)
Telefon: 0335 5217-622, Telefax: 0335 5217370
E-Mail: poststelle.pflanzenschutzdienst@lelf.brandenburg.de
http://www.mluv.brandenburg.de/lvlf/psd

Bremen
Lebensmittelüberwachungs-, Tierschutz- und Veterinärdienst Bremen
– Pflanzenschutzdienst –
Lötzener Straße 3, 28207 Bremen
Telefon: 0421 361-6106, Telefax: 0421 361-16644
E-Mail: verbraucherschutz@gesundheit.bremen.de
http://www.lmtvet.bremen.de

Hamburg
Behörde für Wirtschaft und Arbeit
Pflanzengesundheitskontrolle
Indiastraße 3
20457 Hamburg
Telefon: 040 42841-5208, Telefax: 040 427941-069
E-Mail: gregor.hilfert@bwa.hamburg.de
http://www.hamburg.de/pflanzenschutz

Hessen
Regierungspräsidium Gießen
Pflanzenschutzdienst Hessen
Schanzenfeldstraße 8, 35578 Wetzlar
Telefon: 0641 303-5210, Telefax: 0641 303-5104
E-Mail: martin.kerber@rpgi.hessen.de
http://www.rp-giessen.de

Mecklenburg-Vorpommern
Landesamt für Landwirtschaft, Lebensmittelsicherheit
und Fischerei Mecklenburg-Vorpommern
– Abteilung Pflanzenschutzdienst –
Graf-Lippe-Str. 1, 18059 Rostock
Telefon: 0381 4035-0, Telefax: 0381 4922-665
E-Mail: pflanzschutzdienst@lallf.mvnet.de
http://www.lallf.de

Niedersachsen
Landwirtschaftskammer Niedersachsen
Pflanzenschutzamt
Standort Hannover
Wunstorfer Landstraße 9, 30453 Hannover
Telefon: 0511 4005-0, Telefax: 0511 4005-2120
E-Mail: Pflanzenschutzamt@lwk-niedersachsen.de
http://www.ml.niedersachsen.de
http://www.lwk-niedersachsen.de

Nordrhein-Westfalen
Pflanzenschutzdienst der
Landwirtschaftskammer Nordrhein-Westfalen
Postfach 30 08 64, 53188 Bonn
Siebengebirgsstraße 200, 53229 Bonn-Roleber
Telefon: 0228 703-0, Telefax: 0228 703-2102
E-Mail: pflanzenschutzdienst@lwk.nrw.de
http://www.landwirtschaftskammer.de/fachangebot/pflanzenschutz/

Rheinland-Pfalz
Aufsichts- und Dienstleistungsdirektion Trier
Referat 42 – Pflanzenschutz –
Postfach 13 20, 54203 Trier
Willy-Brandt-Platz 3, 54290 Trier
Telefon: 0651 9494-0, Telefax: 0651 9494-170
E-Mail: poststelle@add.rlp.de
http://www.agrarinfo.rlp.de

Saarland
Anwendungskontrolle:
Landesamt für Agrarwirtschaft und Landentwicklung
Dörrenbachstraße 2, 66822 Lebach
Telefon: 06881 500-0, Telefax: 06881 500-101
E-Mail: poststelle@lal.saarland.de
http://www.wirtschaft.saarland.de

Verkehrskontrolle:
Landwirtschaftskammer für das Saarland
Dillinger Straße 67, 66822 Lebach
Telefon: 06881 928-111, Telefax: 06881 928-100
E-Mail: dr.klaus-peter.brueck@lwk-saarland.de
http://www.lwk-saarland.de

Sachsen
Sächsisches Landesamt für Umwelt, Landwirtschaft
und Geologie
Abteilung 3 – Vollzug Agrarrecht, Förderung
Referat 35a – Kontrolldienst, Pflanzlicher Bereich
Söbrigener Straße 3a, 01326 Dresden
Telefon: 0351 2612-35 01, Telefax: 0351-26 12-35 99
E-Mail: katrin.kittler@smul.sachsen.de
http://www.smul.sachsen.de/lfulg

Sachsen-Anhalt
Landesanstalt für Landwirtschaft, Forsten und Gartenbau,
Dezernat Pflanzenschutz
Strenzfelder Allee 22, 06406 Bernburg
Telefon: 03471 334-341, Telefax: 03471 334-109
E-Mail: Pflanzenschutz@llfg.mlu.sachsen-anhalt.de
http://www.llfg.sachsen-anhalt.de

Schleswig-Holstein
Landwirtschaftskammer Schleswig-Holstein
Abt. Pflanzenbau, Pflanzenschutz, Landtechnik
Referat Genehmigungen, Kontrollen und Sachkunde
Am Kamp 15-17, 24768 Rendsburg
Telefon: 04331 9453-312, Telefax: 04331 9453-389
E-Mail: Cheidbreder@lksh.de
http://www.lksh.de

Thüringen
Thüringer Landesanstalt für Landwirtschaft
Referat 410 – Pflanzenschutz –
Kühnhäuser Straße 101, 99189 Erfurt-Kühnhausen
Telefon: 0361 55068-0, Telefax: 0361 55068-140
E-Mail: postmaster@kuehnhausen.tll.de
http://www.tll.de

MIX
Papier aus verantwortungsvollen Quellen
Paper from responsible sources
FSC® C105338

If you have any concerns about our products,
you can contact us on
ProductSafety@springernature.com

In case Publisher is established outside the EU,
the EU authorized representative is:
**Springer Nature Customer Service Center GmbH
Europaplatz 3, 69115 Heidelberg, Germany**

Printed by Libri Plureos GmbH
in Hamburg, Germany